来发现吧，来思考吧，来动手实践吧

一套实用性体验型亲子共读书

3

365数学趣味大百科

日本数学教育学会研究部 著
日本《儿童的科学》编辑部 著
卓 扬 译

九州出版社
JIUZHOUPRESS

图书在版编目（CIP）数据

365数学趣味大百科. 3 / 日本数学教育学会研究部，日本《儿童的科学》编辑部著；卓扬译. -- 北京：九州出版社，2019.11(2020.5重印)

ISBN 978-7-5108-8420-7

Ⅰ. ①3… Ⅱ. ①日… ②日… ③卓… Ⅲ. ①数学—儿童读物 Ⅳ. ①01-49

中国版本图书馆CIP数据核字（2019）第247716号

著作权登记合同号：图字：01-2019-7161

来自读者的反馈

（日本亚马逊买家评论）

id：Ryochan

关于趣味数学的书有很多，像这种收录成一套大百科的确实不多。书里介绍了许多数学的不可思议的方法和趣人趣闻。连平时只爱看漫画类书的孩子，不用催促，也自顾自地看起了这本书。作为我个人来说，向大家推荐这套书。

id：清六

这是我和孩子的睡前读物。书里的内容看起来比较轻松，也相对浅显易懂。

id：pomi

一开始我是在一家博物馆的商店看到这套书的，随便翻翻感觉不错，所以就来亚马逊下单了。因为孩子年纪还小，所以我准备读给他听。

id：公爵

孩子挺喜欢这套书的，爱读了才会有兴趣。

匿名

这是一套除了小孩也适合大人阅读的书，不少知识点还真不知道呢。非常适合亲子阅读。

匿名

给侄子和侄女买了这套书。小学生和初中生，爸爸和妈妈，大家都可以看一看。

id: GODFREE

从简单的数字开始认识数学，用新的角度发现事物的其他模样，这套书让孩子尝试全新的探索方式。数学给我们带来的思维启发，对于今后的成长也大有裨益。

id: Francois

我是买给三年级的孩子的。如何让这个年纪的孩子对数学感兴趣，还挺叫人发愁的。其实不只是孩子，我们家都是更擅长文科，还真是苦恼呢。在亲子共读的时候，我发现这套书的用语和概念都比较浅显有趣，让人有兴致认真读下来。

id: NATSUT

我是小学高年级的班主任。为了让大家对数学更感兴趣，我为班级的图书馆购置了这套书。这套书是全彩的，有许多插画，很适合孩子阅读。

目 录

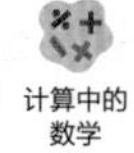
计算中的数学

测量中的数学

图形中的数学

规律中的数学

历史中的数学

生活中的数学

数学名人小故事

游戏中的数学

体验中的数学

目 录

本书使用指南

图标类型

本书基于小学数学教科书中“数与代数”“统计与概率”“图形与几何”“综合与实践”等内容，积极引入生活中的数学话题，以及“动手做”“动手玩”的内容。本书一共出现了 9 种图标。

计算中的数学
内容涉及数的认识和表达、运算的方法与规律。对应小学数学知识点“数与代数”：数的认识、数的运算、式与方程等。

测量中的数学
内容涉及常用的计量单位及进率、单名数与复名数互化。对应小学数学知识点“数与代数”：常见的量等。

规律中的数学
内容涉及数据的收集和整理，对事物的变化规律进行判断。对应小学数学知识点“统计与概率”：统计、随机现象发生的可能性；“数与代数”：数的运算等。

图形中的数学
内容涉及平面图形和立体图形的观察与认识。对应小学数学知识点“图形与几何”：平面图形和立体图形的认识、图形的运动、图形与位置。

历史中的数学
数和运算并不是凭空出现的。回溯它们的过去，有助于我们看到数学的进步，也更加了解数学。

生活中的数学
数学并不是禁锢在课本里的东西。我们可以在每一天的日常生活中，与数学相遇、对话和思考。

数学名人小故事
在数学历史上，出现了许多影响世界的数学家。与他们相遇，你可以知道数学在工作和研究中的巨大作用。

游戏中的数学
通过数学魔法和益智游戏，发掘数和图形的趣味。在这部分，我们可能要一边拿着纸、铅笔、扑克和计算器，一边进行阅读。

体验中的数学
通过动手，体验数和图形的趣味。在这部分，需要准备纸、剪刀、胶水、胶带等工具。

作者

各位作者都是活跃于一线教学的教育工作者。他们与孩子接触密切，能以一线教师的视角进行撰写。

日期

从 1 月 1 日到 12 月 31 日，每天一个数学小故事。希望在本书的陪伴下，大家每天多爱数学一点点。

阅读日期

可以记录下孩子独立阅读或亲子共读的日期。此外，为了满足重复阅读或多人阅读的需求，设置有 3 个记录位置。

迷你便签

补充或介绍一些与本日内容相关的小知识。

引导“亲子体验”的栏目

本书的体验型特点在这一部分展现得淋漓尽致。通过“做一做”“查一查”“记一记”等方式，与家人、朋友共享数学的乐趣吧！

笑嘻嘻？哭唧唧？你的零花钱

3月 01日

福冈县 田川郡川崎町立川崎小学
高濑大辅老师撰写

阅读日期 月 日 月 日 月 日

如果每天是前一天的2倍

做一个小调查，大家每个月能拿到多少零花钱？当然，不管是多是少，学会有计划地使用零花钱才是最重要的。

如果一个月（30天）能拿到1万日元（约600元）的零花钱，来一个笑嘻嘻。

反过来，一个月里每天只能拿到1日元，那就是哭唧唧啦。

那么，如果这样给零花钱你愿意吗？第1天1日元、第2天2日元、第3天4日元……每天拿到的零花钱都是前一天的2倍。这样一个月可以收到多少零花钱呢（图1）？

图1

第1天…1日元
第2天…2日元
第3天…4日元
第4天…8日元
第5天…16日元
第6天…32日元
第7天…64日元
第8天…128日元
第9天…256日元
第10天…512日元

从1日元到一笔巨款

从图1可知，在第10天我们可以拿到512日元。这10天里总共拿到1023日元的零花钱。果然，还是一个月1万日元比较合算？别急，再算算从第11天开始拿到的零花钱（图2）。

图2

第11天…1024日元
第12天…2048日元
第13天…4096日元
第14天…8192日元
第15天…16384日元
第16天…32768日元
第17天…65536日元
第18天…131072日元
第19天…262144日元
第20天…524288日元

哇，已经存满啦！

不得了了，在第20天就能拿到约52万日元的零花钱了。深呼一口气，再接着往下算（图3）。

图3

第21天…1048576日元
第22天…2097152日元
第23天…4194304日元
第24天…8388608日元
第25天…16777216日元
第26天…33554432日元
第27天…67108864日元
第28天…134217728日元
第29天…268435456日元
第30天…563687912日元

差不多5亿日元啦！！！

从1日元开始的零花钱，到了第30天可以得到约5亿日元的巨款，可不得了。2倍的力量，真是深不可测呀。

在日本战国时代（1467–1615年），也有一则关于2倍力量的小故事。丰臣秀吉的一位谋士因为知晓2倍的力量，而获得了大量的封赏。详见8月20日。

折叠后重叠的图形

3月 02日

岩手县　久慈市教育委员会
小森笃老师撰写

阅读日期　月　日　月　日　月　日

你能折出来吗？

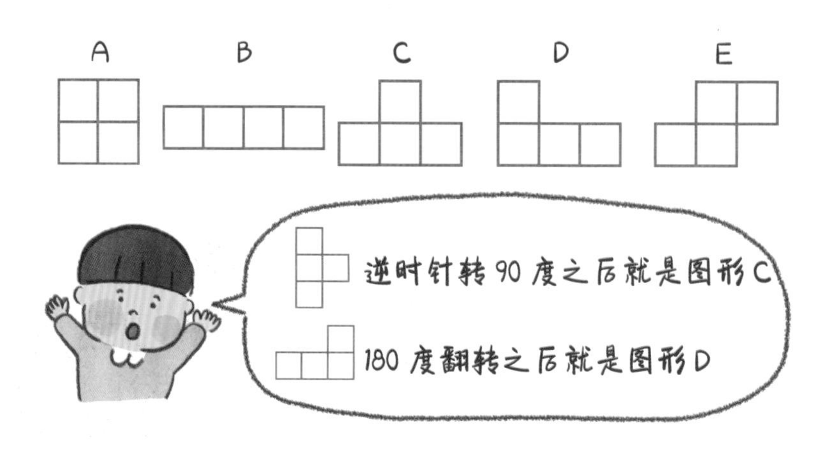

A、B、C、D、E 都是由 4 个小正方形组成的图形。其中，A、B、C 沿着某条线对折能够重合。

而D、E不管怎么折叠，都不能重合。

不过大家可以试着给D、E再增加一个小正方形，使它们折叠后能够重合。想一想，小正方形应该添在哪儿呢？

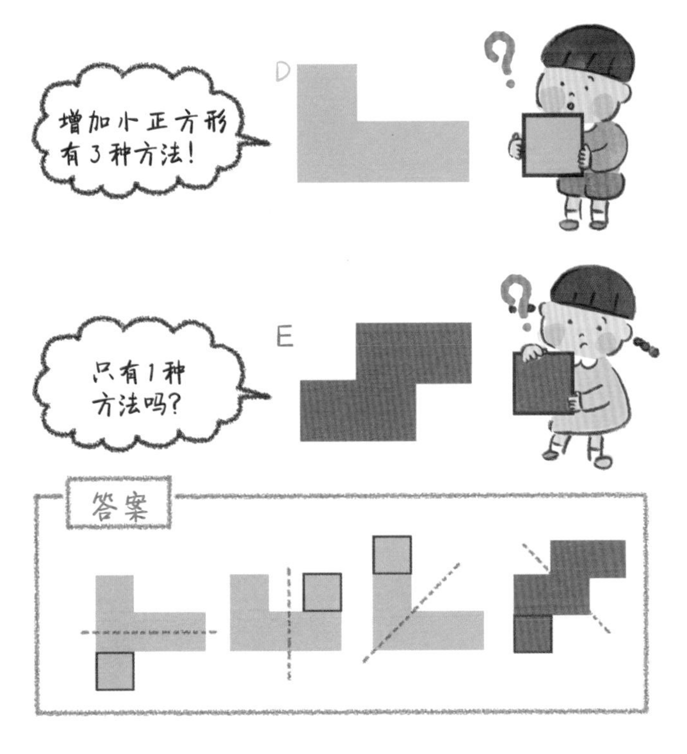

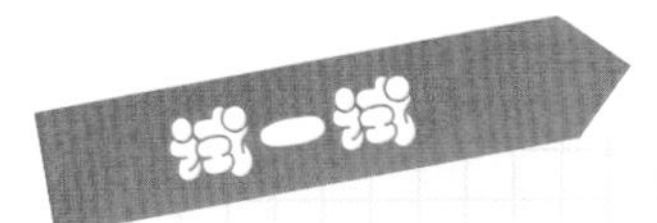

这样的图形有很多

我们身边有许多折叠后能够重合的图形，在家里或者户外找一找吧。

如果将一个图形沿着某条直线折叠，直线两旁的部分能够完全重合，这样的图形被称为“轴对称图形”。

"地球 33 号地"在哪里

3月 03日

高知大学教育学部附属小学
高桥真老师撰写

阅读日期 月 日 月 日 月 日

如何表示没有住址的地方？

想给小伙伴写一封信，在信封上我们需要填写 7 位数的"邮政编码"，以及类似"○○街道△△号○○幢△△室"的具体住址。

有了这些信息，邮递员叔叔才能把我们的信准确地寄到小伙伴的手中。住址是居住的地址，指城镇、乡村、街道的名称和门牌号数。根据住址信息，外地人也可以找到指定地点，这也是人类文明的智慧体现。

但是，在茫茫大海与沙漠中，并不存在□□市或者○○街道。这时，我们又应该如何表示这些地点呢？实际上，通过一种数字组合的方法，可以描述出地球上所有的地方。

地球的最北端是北极，最南端是南极。当我们观察地球仪的时候，可以发现连接南北两极的经线。与经线相交的弧线则是纬线。地球仪上直穿英国伦敦格林尼治天文台的 0 度经线，被称为本初子午线。"经度"指地球上某一地点离本初子午线以东或以西的度数：在 0 度经线东面的为东经，共 180 度；在它西面的为西经，共 180 度。同一经线上的各点经度相同。

在地球仪上的南北两极中间，与两极距离相等，并且与经线垂直的线叫作赤道。"纬度"是指地球表面南北距离的度数，我们把赤道定为纬度 0 度，向南、向北各为 90 度。同一纬线上的各点纬度相同。使用经纬度，可以准确描述出地球上任何一个地方的位置。

日本的经度在东经 130-150 度，纬度在北纬 30-45 度。

12 个相同数字组成的地方

终于可以讲到标题中的“地球 33 号地”了。这个称呼与该地的经纬度息息相关。

东经 133 度 33 分 33 秒，北纬 33 度 33 分 33 秒。（1 度等于 60 分，1 分等于 60 秒）

由 12 个“3”组成的地方，自然就是“地球 33 号地”了。它位于高知县高知市境内。

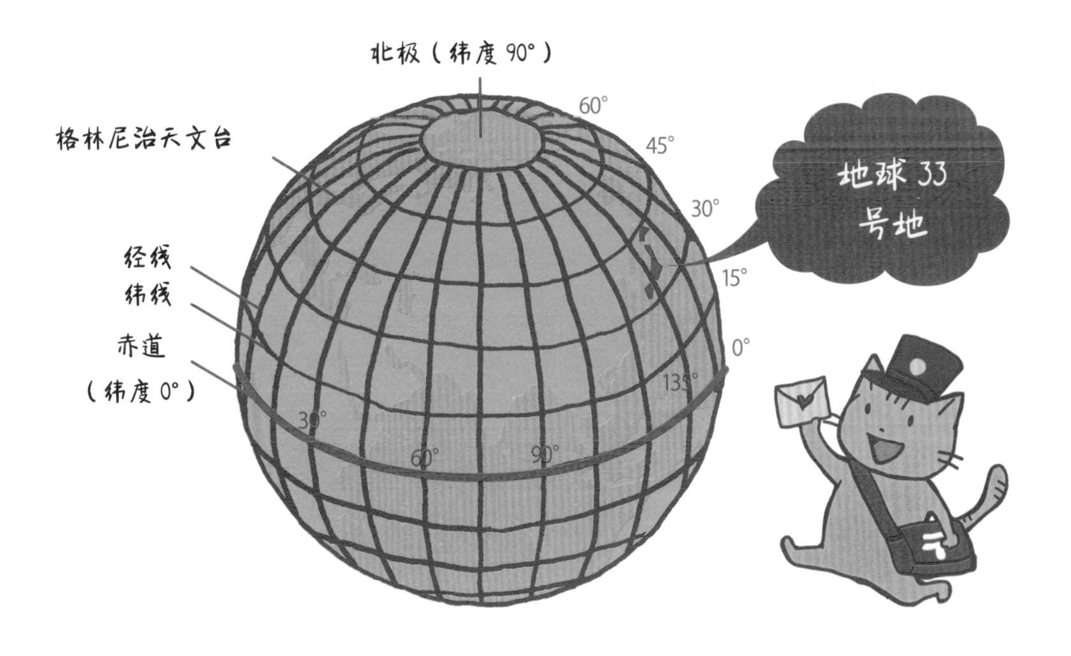

经度与纬度组成的坐标系统，称为地理坐标系，能够标示地球上任意一个点的位置。大家可以上网试着查一查自己家的经纬度哟。

“三角瓷砖”的图案作坊

东京都 杉并区立高井户第三小学
吉田映子老师撰写

3月04日

阅读日期 月 日 月 日 月 日

用纸就能折的图案

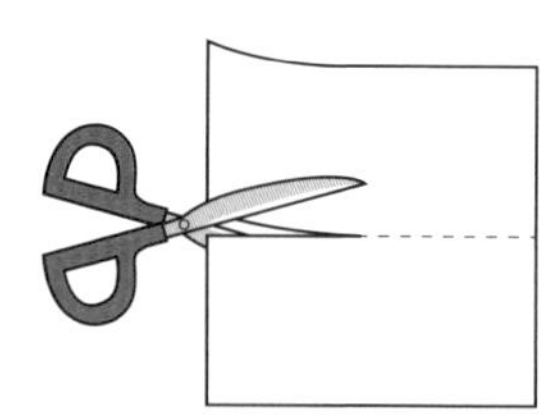

把一张正方形的纸按照右图所示对折，再沿折线剪成 2 个长方形。

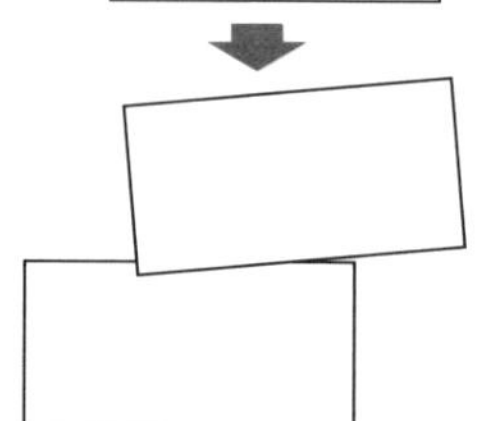

将长方形对折，形成折线，再将右侧小正方形沿对角线向上折叠。

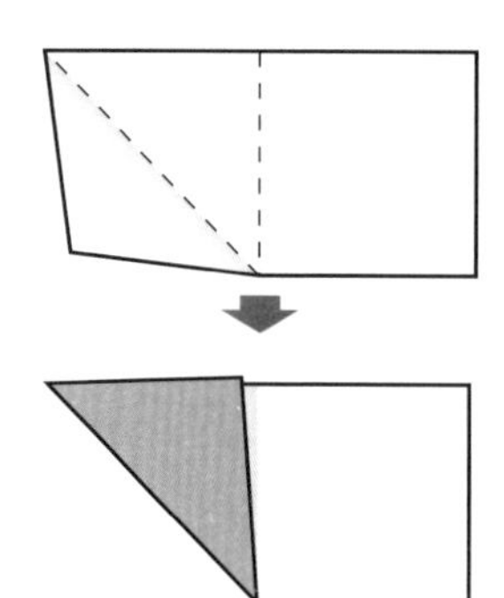

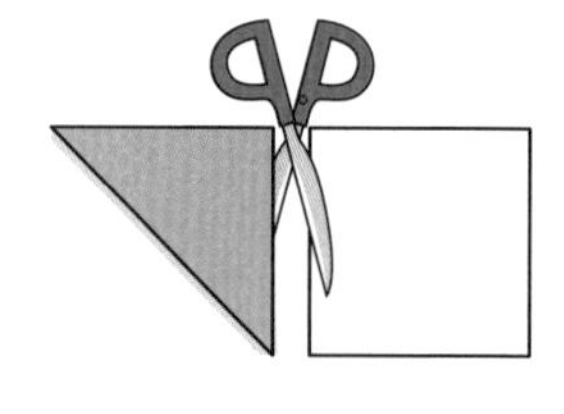

将三角形区域折向右边，粘在正方形上。

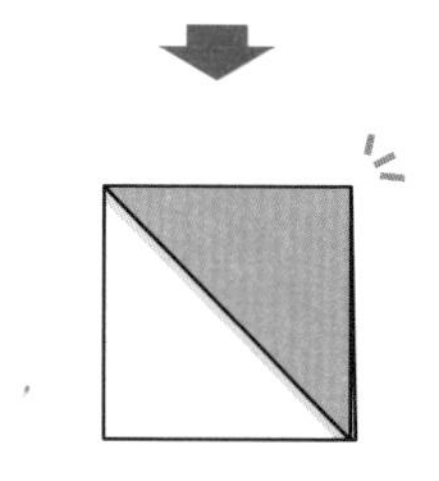

这就是“三角瓷砖”。

两枚“三角瓷砖”可以拼凑成什么图案呢？

除了右图所示的 4 种，你还能拼成其他的组合图案吗？

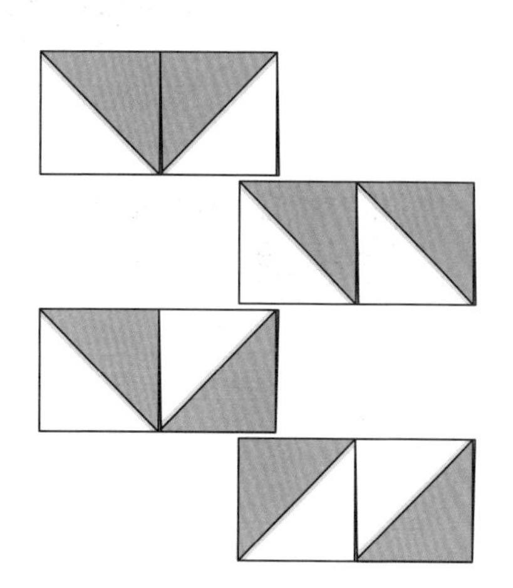

4 枚“三角瓷砖”又可以拼凑成什么图案？

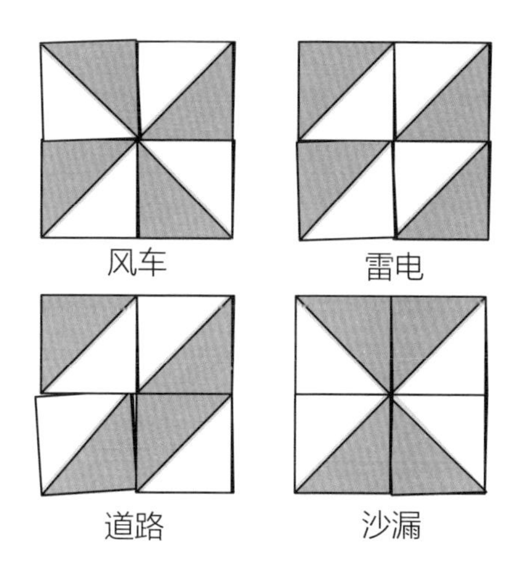

给完成的作品取一个名字吧。

用相同形状的三角形可以组成各种各样的三角形和四边形。

1米是如何被确定的

3月 05日

大分县　大分市立大在西小学
二宫孝明老师撰写

阅读日期　月　日　月　日　月　日

法国科学家的提议

米（m）是国际单位制的基本长度单位，在世界各国广泛使用。我们使用着米，实在是件太自然的事儿了。

不过，在米出现之前，各个国家、地区使用的长度单位各不相同。在古时候，这些单位仅在本国或本地区使用，不会有什么问题。但随着国与国、地区与地区的交流加深和贸易往来，单位制的不同就显出不便来了。

1790年，法国科学家提出：以通过巴黎的子午线上从地球赤道

到北极点的距离的千万分之一作为标准单位。为此，法国派出了一支测量队。

米的诞生

测量队出发后，首先测量的是法国到西班牙的距离。后来，测量队先后遭遇到战争、队长死亡等不幸，经过 6 年的坚持跋涉，他们终于交出了“答卷”。1799 年，法国开始正式使用米制，并向世界各国推广。

20 世纪 70 年代，光速的测定已非常精确。1983 年，国际度量衡大会重新制定了米的定义：光在真空中行进 1/299792458 秒的距离为一标准米。

日本的长度单位“尺”“寸”

“尺”“寸”是日本传统的长度单位，在现在的日常生活中已极为少见。不过，在榻榻米这一传统行业中，依旧使用着“尺”“寸”等长度单位。

榻榻米手艺人手中的尺子，标注着“尺”与“寸”的刻度。
摄影 / 二宫孝明

1875 年，17 个国家签署了《米制公约》，公认米制为国际通用的计量单位。日本于 1885 年加入，1921 年颁布米制法，并将 4 月 11 日定为米制法颁布纪念日。中国于 1977 年加入。

玩一玩数字表的游戏

3月 06日

熊本县　熊本市立池上小学
藤本邦昭老师撰写

阅读日期　月　日　月　日　月　日

准备弹珠和数字表

这是一个双人游戏。

首先，每人准备一张 0-99 的数字表。

如右页图所示，弹珠在 0 的位置准备启动。规则很简单。

①先猜“石头剪刀布”。

②赢的一方向下移动一格。

③输的一方向右移动一格。

④任意一方到达数字 9 的格子时，游戏结束。

⑤到达个位数是 9 的格子时，游戏失败。到达十位数是 9 的格子时，游戏成功。咦？有点神奇哟！

游戏进程中，你应该发现了一件神奇的事

比如，你是 5 胜 2 负，在 52 的格子上。此时，对手小伙伴的弹珠正稳稳站在 25 的格子上。又比如，当你的弹珠停在 73 的格子上时，猜猜对方的弹珠在哪儿？

没错，小伙伴的弹珠此时就在 37 的格子上，颠倒了 73 的个位数与十位数。

问题来了，请问弹珠不可能出现在数字表的哪个格子上？答案就在迷你便签里哟。

弹珠绝对不可能出现在数字表的 99 上。因为在到达 99 之前，需要先到达 89 或 98，而此时游戏已然结束。

找到装假币的袋子

3月 07日

明星大学客座教授
细水保宏老师撰写

阅读日期 月 日 月 日 月 日

假币装在哪个袋子里？

很久以前，有一个国王从 5 个领地收到了 5 袋税金，每袋税金各有 100 枚金币。但是，国王从某个秘密渠道得知，其中有 1 袋的金币全是假币。

国王准备从 5 袋税金中找出装有假币的袋子。已知的是，真金币的重量是 10 克，假金币比真金币轻 1 克，只有 9 克。用来测量的秤可以精确到 1 克。

只用称一次就知道结果

假设 5 袋金币为 A、B、C、D、E，分别从其中取出 1 枚、2 枚、

3 枚、4 枚、5 枚金币。一共取出 1 + 2 + 3 + 4 + 5 = 15 枚金币，称量这些金币的重量。

如果所有金币都是真金币的话，每枚 10 克，重量应为 150 克。假如出现实际相差 4 克的情况，那就是取出 4 枚金币的 D 袋有问题，D 袋里装的都是假币。

不足克数对应金币取出数。也就是说，那个取出相应数量金币的袋子，就是国王要找的了。

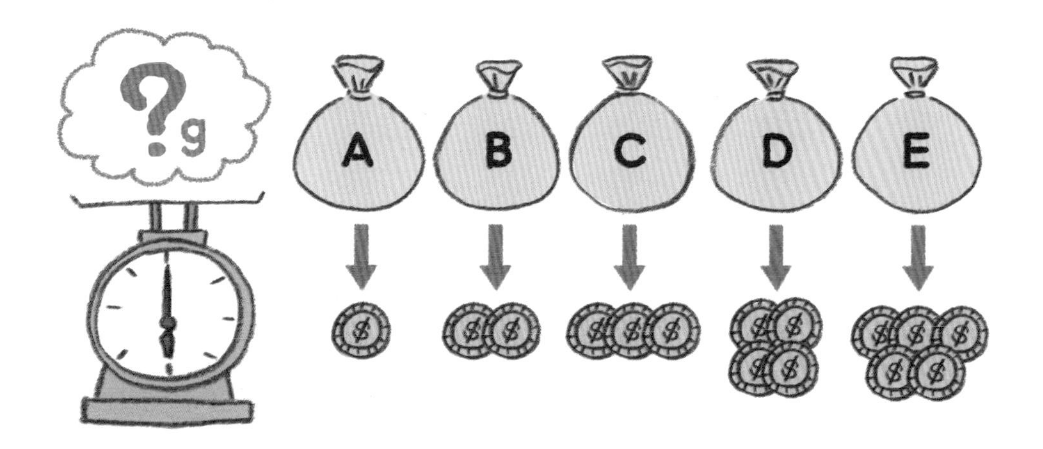

已知只有一个装假币的袋子，所以这道题可以不用从 E 袋取出金币。如果 A–D 袋里都没有假币，那么假币自然就在 E 袋里了。

地支中的数学

3月08日

御茶水女子大学附属小学
冈田纮子老师撰写

阅读日期　月　日　月　日　月　日

从地支知道年龄

大家听说过十二地支吗？十二地支是子、丑、寅、卯、辰、巳、午、未、申、酉、戌、亥，十二地支对应十二生肖。所谓“本命年”就是十二年一遇的农历属相所在的年份，俗称属相年。如申年出生的人属猴，接下来的申年，就是这个人的本命年。12 岁、24 岁、36 岁、48 岁、60 岁、72 岁、84 岁、96 岁……我们在这些岁数时过本命年。

假设今年是申年，如果遇到“狗年出生”的小伙伴，可以知道他再过两年就可以庆祝本命年了。在同一个属相轮回中，申年出生的人比戌年出生的人大两岁。注意除以 12 后的余数知道对方的年龄，可以推断出对方的生肖。假设今年是申年，如果遇到 26 岁的小伙伴，26÷12 ＝ 2 余 2，可以知道他的属相是马，出生于比申年早两年的午年。将年龄除以 12，通过余数和当年对应的地支，可以推断出对方的生肖。

此外，通过某年除以 12 后的余数，还可以判断该年份的属相。如右页图所

示，以 2016 年申年为基准，余数按顺时针标注。已知 2016 ÷ 12 = 168，可以被 12 整除，因此可以直接根据余数来判断。如果想知道 2050 年的属相，2050 ÷ 12 = 170 余 10，酉、戌、亥、子、丑、寅、卯、辰、巳、午，可知 2050 年是午年。

再来看看将举行东京奥运会的 2020 年，2020 ÷ 12 = 168 余 4，可知 2020 年是子年。

在日常生活中，我们可以遇到许多以 12 为周期的事物，比如钟表、日历等。保持好奇心，再来找找更多与 12 相关的事物吧。此外，现实中多采用的是干支纪年，以 60 年为一周期。

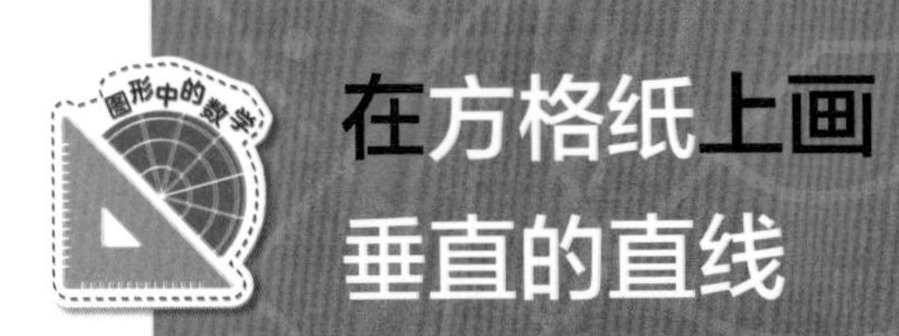

在方格纸上画垂直的直线

3月09日

学习院小学部
大泽隆之老师撰写

阅读日期 月 日 月 日 月 日

利用三角尺，我们可以轻松画出两条互相垂直的直线。当三角尺变为方格纸，你还能画出互相垂直的直线吗？答案是肯定的。

可以画出垂直的直线吗？

首先，规定其中的一条直线，是方格纸上的斜线。如下图所示，作一条直线。那么垂直于这条线的直线应该如何画呢？请大家认真思考一下。

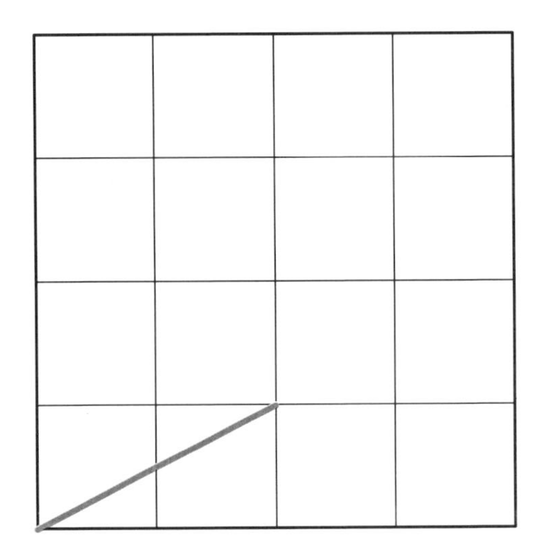

注意直线与方格相交的点。选择其中一个交点，从这个点出发引出多条直线。

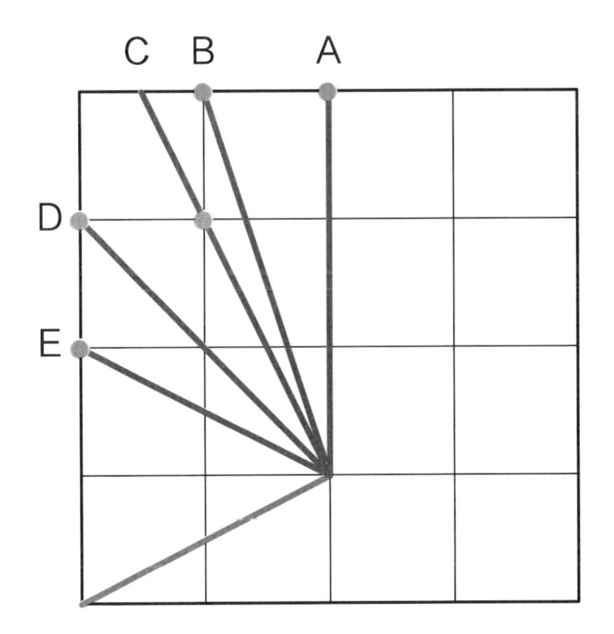

接下来，就到了揭晓答案的时刻了，正确答案是直线 C。首先，观察包含第一条直线的长方形。

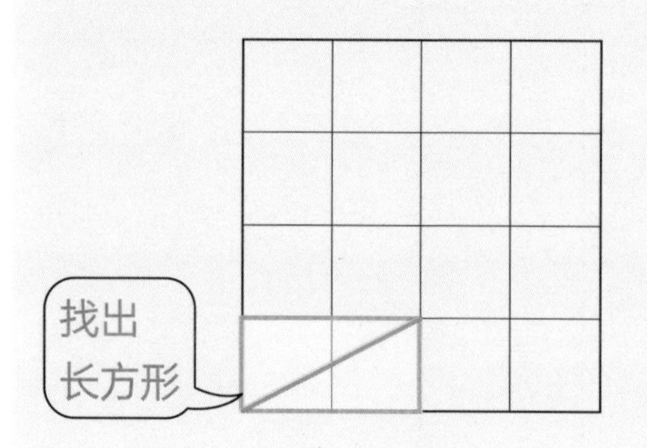

然后，将这个长方形顺时针旋转 90 度。因为长方形内的直线也随之旋转了 90 度，所以这两条直线互相垂直。

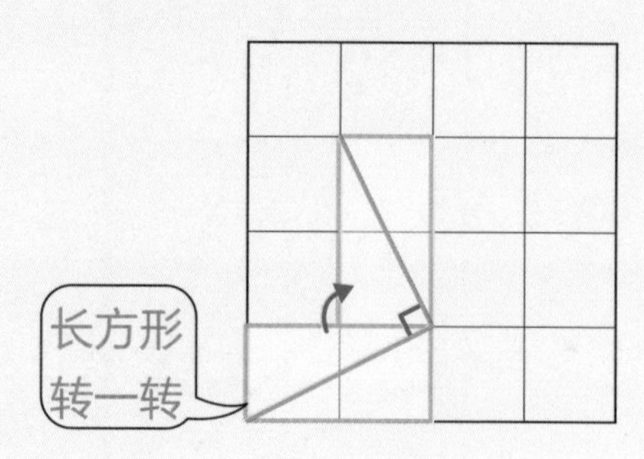

可以画出正方形

将长方形旋转 3 次后，4 条互相垂直的直线就组成了一个正方形。

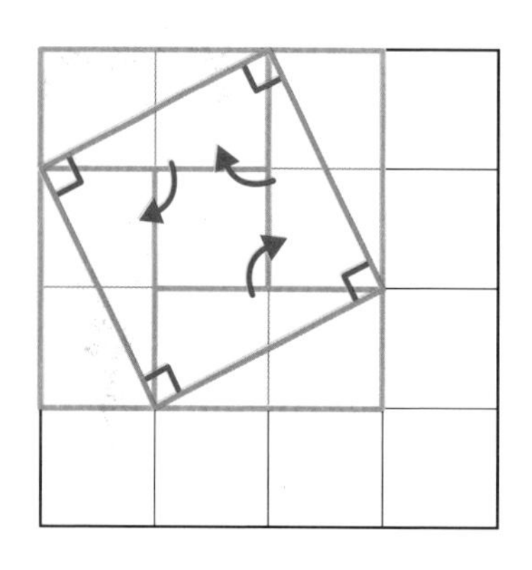

格子增加也能画

当包含第一条直线的长方形有 3 个格子时，按照同样的方法，依旧可以画出垂直的直线。

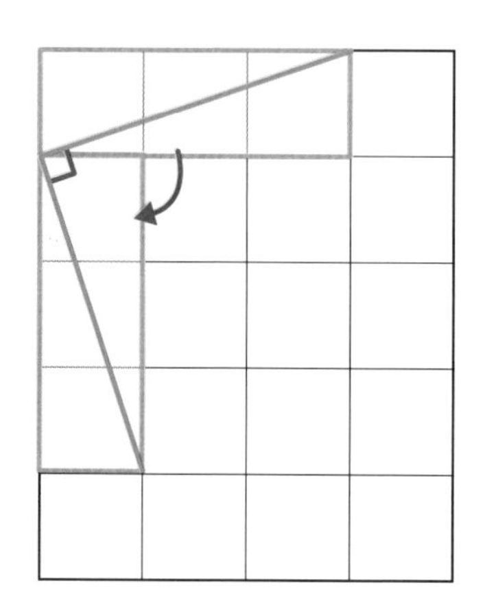

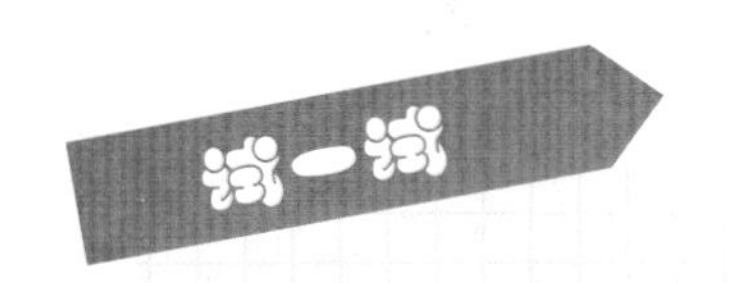

为什么是90度？

再用另一种方法，来确认两条直线互相垂直。如图 1 所示，可知★加●等于 90 度。因为长方形对角线形成的两组内错角相等，所以长方形 A 上方的★和●等于下方的★和●。如图 2 所示，长方形 A 经过 90 度旋转后，得到长方形 B。可知，A 的●加上 B 的★等于 90 度，两条直线互相垂直。你明白了吗？

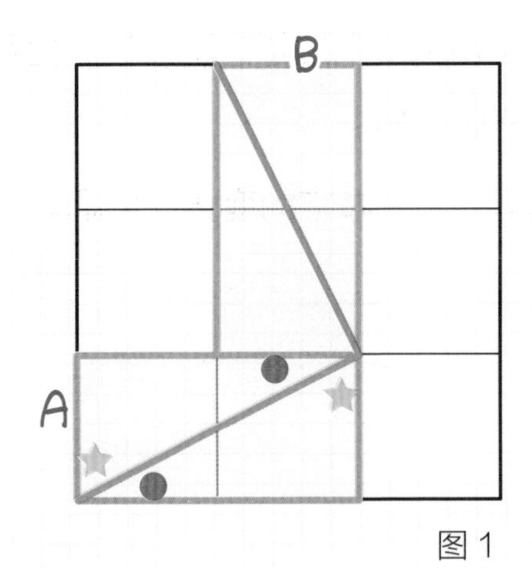

图 1

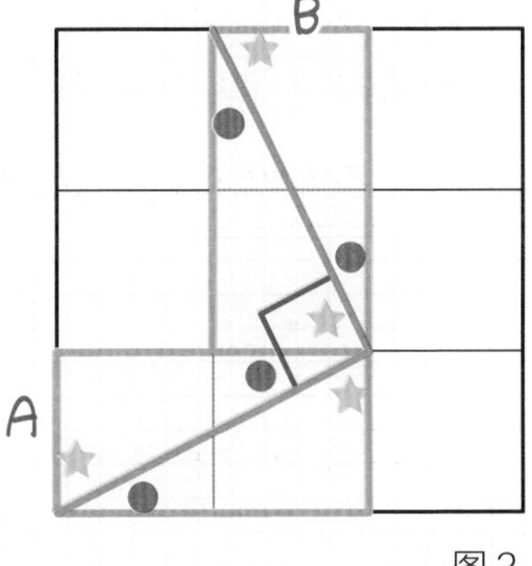

图 2

本日问题的突破口是找到包含直线的长方形。当我们以不同的视角观察同一个图形时，它所透露的信息可能不尽相同，数学真是越来越有趣了。

牛奶纸盒的大变身

3月10日

东京都　丰岛区立高松小学
细萱裕子老师撰写

阅读日期　月　日　月　日　月　日

可回收资源

在每天的生活中，不可避免地会产生许多垃圾。大家会对家庭垃圾作分类吗?

垃圾虽然是废弃物，甚至变得肮脏破烂，但其中有好几个种类都可以回收再利用。通常来说，塑料瓶、牛奶纸盒、钢罐、铝罐、玻璃瓶、包装袋等都是可回收垃圾。而电视机、电冰箱、洗衣机、自行车、汽车、电脑等大型垃圾也都可以被回收利用。

今天，我们就一起来追踪牛奶纸盒，看看它的变身之旅吧。

牛奶纸盒会变成什么?

牛奶纸盒可以变身为卫生纸、餐巾纸、厨房用纸。据了解，30 个 1 升的牛奶纸盒，回收后可以生产出 5 卷卫生纸（每卷 60 米）。$30 \div 5 = 6$，也就是说，6 个牛奶纸盒就可以做出 1 卷卫生纸。

据说，1 个人一年使用约 50 卷卫生纸。$60 \times 50 = 3000$, 也就是约 3 千米长的卫生纸。再来看一看牛奶纸盒的回收利用量。6 个牛奶纸盒可以做 1 卷卫生纸，$6 \times 50 = 300$。这个变身可厉害了: 300 个牛奶纸盒经过回收再利用后，可以生产出 1 个人一年份的卫生纸。

30 个牛奶纸盒变身为 5 卷卫生纸！

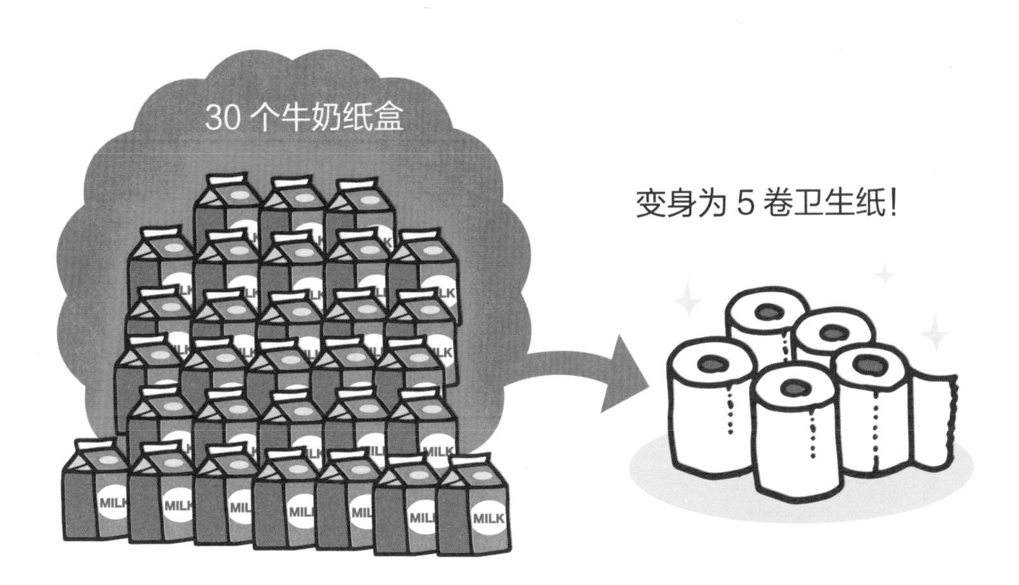

在日本，牛奶纸盒与报纸、纸箱等纸类是分开回收的。因为牛奶纸盒的内外两侧都使用了聚乙烯，它的目的是防止细菌进入和纸类泡涨。

隐藏数字的和是什么

3月 11日

御茶水女子大学附属小学
冈田纮子老师撰写

阅读日期 月 日 月 日 月 日

九九乘法表里隐藏数字的和？

在九九乘法表上，隐藏着两个格子的数字。你知道隐藏数字的和是什么吗？如右页图 1 所示，首先，计算两个黄色格子的数字之和。①是 2×4 ＝ 8，②是 3×4 ＝ 12，两数之和是 20。

接着，计算两个蓝色格子的数字之和。③是 4×2 ＝ 8，④是 5×2 ＝ 10，两数之和是 18。

其实，不用一个个格子计算，就能一下子得出结果。方法是什么呢？

一下子得出结果的秘密

如右页图 2 所示，①和②两数之和等于同一列第 5 行的数字，即 5×4 ＝ 20。③和④两数之和等于同一列第 9 行的数字，即 9×2 ＝ 18。仔细观察，可以发现九九乘法表同一列中，2 行与 3 行数字之和等于 5 行，4 行和 5 行数字之和等于 9 行。

知道了这样的规律之后，我们可以马上得出两个绿色格子的数字之和。⑤和⑥两数之和就是第 3 行和第 6 行数字之和，等于同一列第 9 行的数字 72。

图 1

×	1	2	3	4	5	6	7	8	9
1	1	2	3	4	5	6	7	8	9
2	2	4	6	①	10	12	14	16	18
3	3	6	9	②	15	18	21	⑤	27
4	4	③	12	16	20	24	28	32	36
5	5	④	15	20	25	30	35	40	45
6	6	12	18	24	30	36	42	⑥	54
7	7	14	21	28	35	42	49	56	63
8	8	16	24	32	40	48	56	64	72
9	9	18	27	36	45	54	63	72	81

图 2

×	1	2	3	4	5	6	7	8	9
1	1	2	3	4	5	6	7	8	9
2	2	4	6	①	10	12	14	16	18
3	3	6	9	②	15	18	21	⑤	27
4	4	③	12	16	20	24	28	32	36
5	5	④	15	20	25	30	35	40	45
6	6	12	18	24	30	36	42	⑥	54
7	7	14	21	28	35	42	49	56	63
8	8	16	24	32	40	48	56	64	72
9	9	18	27	36	45	54	63	72	81

如果隐藏的数字不是在同一列，而是在同一行，也可以利用相同的规律迅速得出答案。你还可以试试隐藏数字从两个增加到 3 个时，会发生什么。

弹珠游戏！赢的会是谁

3月12日

福冈县　田川郡川崎町立川崎小学
高濑大辅老师撰写

阅读日期　月　日　月　日　月　日

小A和小B谁赢了？

小A和小B在玩一个弹珠游戏。弹珠分为黑、灰、黄、白4种颜色，同时随机对应1分、10分、100分、1000分。每人单手抓取一次弹珠，两人拿到的弹珠如图1所示。

猜猜这次弹珠游戏谁赢了？难道是拿得比较多的小B？

首先，还是先将乱乱的弹珠按照颜色摆好吧（图2）。之后可以得到："如果黑弹珠是1000分，那么小A赢。"

也就是说，小A和小B的胜负，会随着弹珠对应分数的变化而变化。

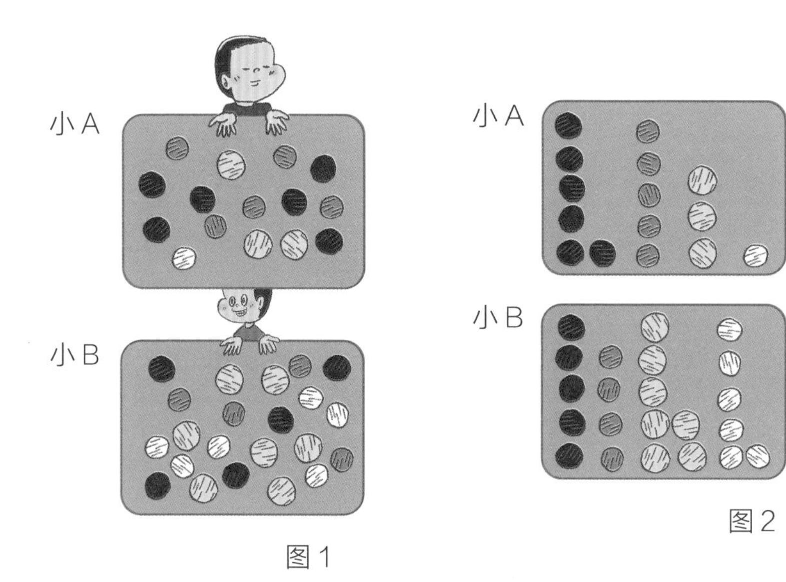

图1

图2

· 假设黑弹珠是 1000 分，→小 A 赢。

· 假设灰弹珠是 1000 分，→小 A 赢。

· 假设黄弹珠是 1000 分，→小 B 赢。

· 假设白弹珠是 1000 分，→小 B 赢。

中途参战的小 C

正当游戏进展激烈的时候，小 C 来了。他用两手抓出了两大把弹珠（图 3），自信满满地说："赢的人肯定是我！"小 A 和小 B 有些不爽："我们俩可都是单手拿弹珠的啊。"被小 C 横插一脚，难道小 A 和小 B 注定要输了这次比赛吗？

假设黄弹珠是 1000 分、白弹珠是 100 分、灰弹珠是 10 分、黑弹珠是 1 分，小 C 的得分如图 4 中的 A 所示。"万千百十一"都是十进制，数位上的数字达到 10 后需要进位。将 A 的数据整理之后，得到 B。在这个假设中，小 A 和小 B 都输得很彻底。

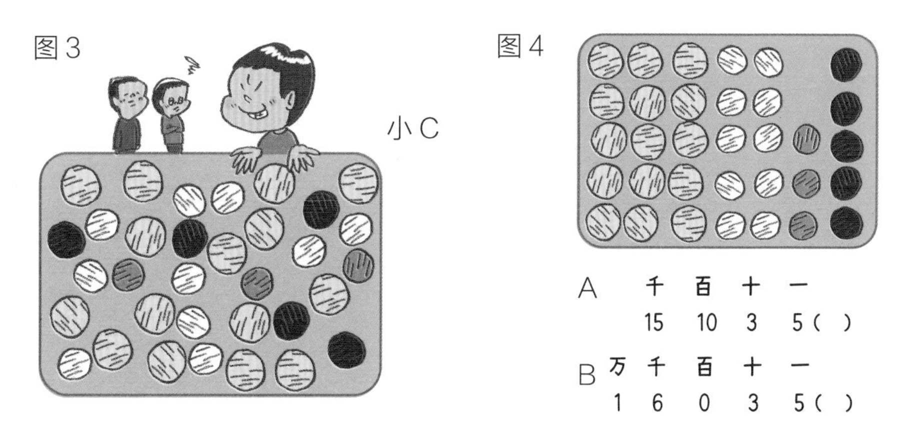

虽然在之前的假设中，小 C 赢了比赛。不过如果改变 1000 分和 100 分对应的弹珠，小 A 或小 B 也是有可能赢过小 C 的。大家快来试试吧。

剪一剪、扭一扭、贴一贴

3月13日

御茶水女子大学附属小学
久下谷明老师撰写

阅读日期 月 日 月 日 月 日

怎样制作呢？

在下面的照片上，展示着一个由一张绿纸制作而成的纸模型。仔细观察之下，似乎有些古怪。立着的部分，不管是向前还是向后倒，都会有重合的部分。怎样用 1 张纸，做出这样的形状呢？大家看看照片，再好好想一想。

本页供图 / 久下谷明

今天，我们就要将这个神奇而简单的制作方法教给大家，简称“剪一剪、扭一扭、贴一贴”。

方法很简单哟！

话不多说，“剪一剪、扭一扭、贴一贴”起来吧。

首先，准备一张长方形的纸。如图 1 所示，先将纸对折形成折线。然后，沿着 3 处剪切线剪开。最后，将纸的一端翻转 180 度之后，贴在纸板上。一个有趣的纸模型就做好啦。

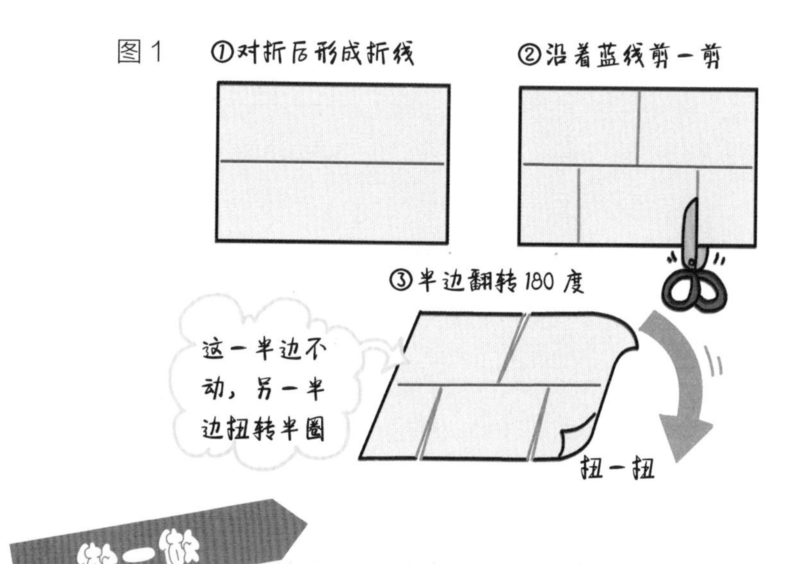

做一做

改变剪切形状的话……

如右图所示，沿着蓝线剪切之后再扭一扭，会出现怎样的形状呢？哇，是一座房子。照片里还有一棵树，虽然没有剪切线的示意图，但我想你一定能行的。

这种神奇的纸模型，也常被认为是一种益智游戏。大家开动脑筋，改变剪切形状，想办法诞生出许多不同的造型吧。

今天是“圆周率日”

3月14日

东京都　丰岛区立高松小学
细萱裕子老师撰写

阅读日期　月　日　月　日　月　日

确定圆周率日的原因

注意右上角！今天是3月14日，是圆周率日。任意一个圆的周长与它的直径的比值是一个固定的数，我们把这个值叫作圆周率，用字母 π 表示。

圆周率是圆的周长与直径的比值，可以通过“圆的周长 ÷ 直径”来求得。$\pi \approx 3.14159265358979323 8$……它是一个无限不循环小数，但在实际应用中通常只取它的近似值，比如在日常生活和在小学数学中，一般使用 $\pi \approx 3.14$。根据这个数字，1997年，日本数学检定协会将3月14日确定为日本的圆周率日。

挑战圆周率的人们

为了得到更精确的圆周率，从古至今，人们前赴后继地挑战圆周率，许多人甚至为之奋斗了终生。

圆周率有着悠久的计算历史。

古希腊的阿基米德计算出$\frac{223}{71}<\pi<\frac{22}{7}$，即$3.1408<\pi<3.1428$。中国的祖冲之计算出$3.1415926<\pi<3.1415927$，即$\pi=\frac{355}{113}$。

在日本，松村茂清计算出小数点后6位，关孝和计算出小数点后10位，镰田俊清计算出小数点后25位。到2014年，已经有人计算出了小数点后13兆位。小小的π，反映着人类工具、思想和智慧的进化。今后，它将继续迎来一波波的挑战者。

用身边的工具求圆周率

准备圆形的物品，比如茶叶罐、果汁罐、点心盒等。测量圆的周长和直径，再通过“圆的周长÷直径”来求π。结果是不是和3.14很相近?

与圆周率相关的日子不止一个。7月22日源自阿基米德计算出的圆周率，π小于$\frac{22}{7}$。12月21日源自祖冲之计算出的圆周率$\pi=\frac{355}{113}$，从元旦开始第355天的1小时13分就是纪念之时。

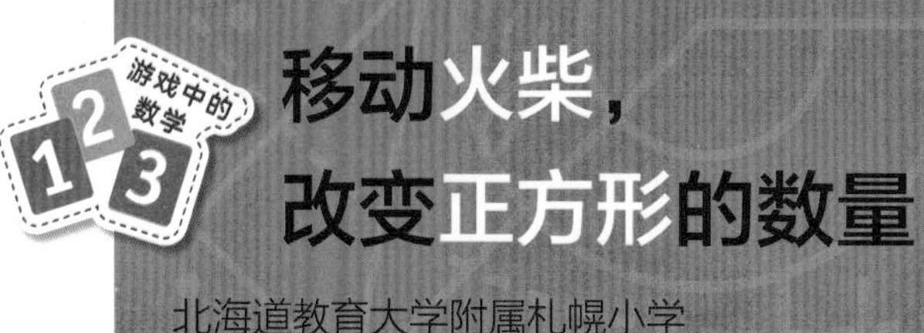

移动火柴，改变正方形的数量

北海道教育大学附属札幌小学
泷泷平悠史老师撰写

阅读日期　月　日　月　日　月　日

火柴摆出的正方形

如图 1 所示，用 12 根火柴可以摆出 4 个小正方形。所有火柴的长度相同。

试着在这 12 根火柴中，移动其中的 3 根，让正方形变成 3 个。火柴不能折断，也不能增加。

如何将正方形合二为一

首先，如图 2 所示，移动 2 根火柴，去掉 1 个正方形。此时，正方形有 3 个。

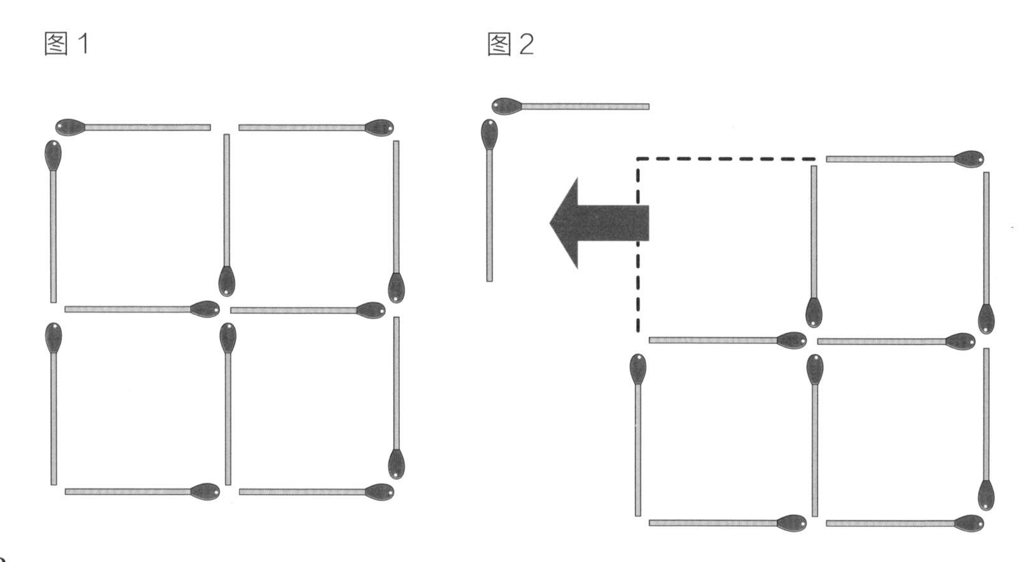

如图 3 所示，将移动的 2 根火柴放置在右下角，以便组成新的正方形。

如图 4 所示，移动 1 根火柴，去掉 1 个正方形。将移动的 1 根火柴放置在右下角，新的正方形出现了。

移动其中的 3 根火柴，正方形就变成 3 个啦。

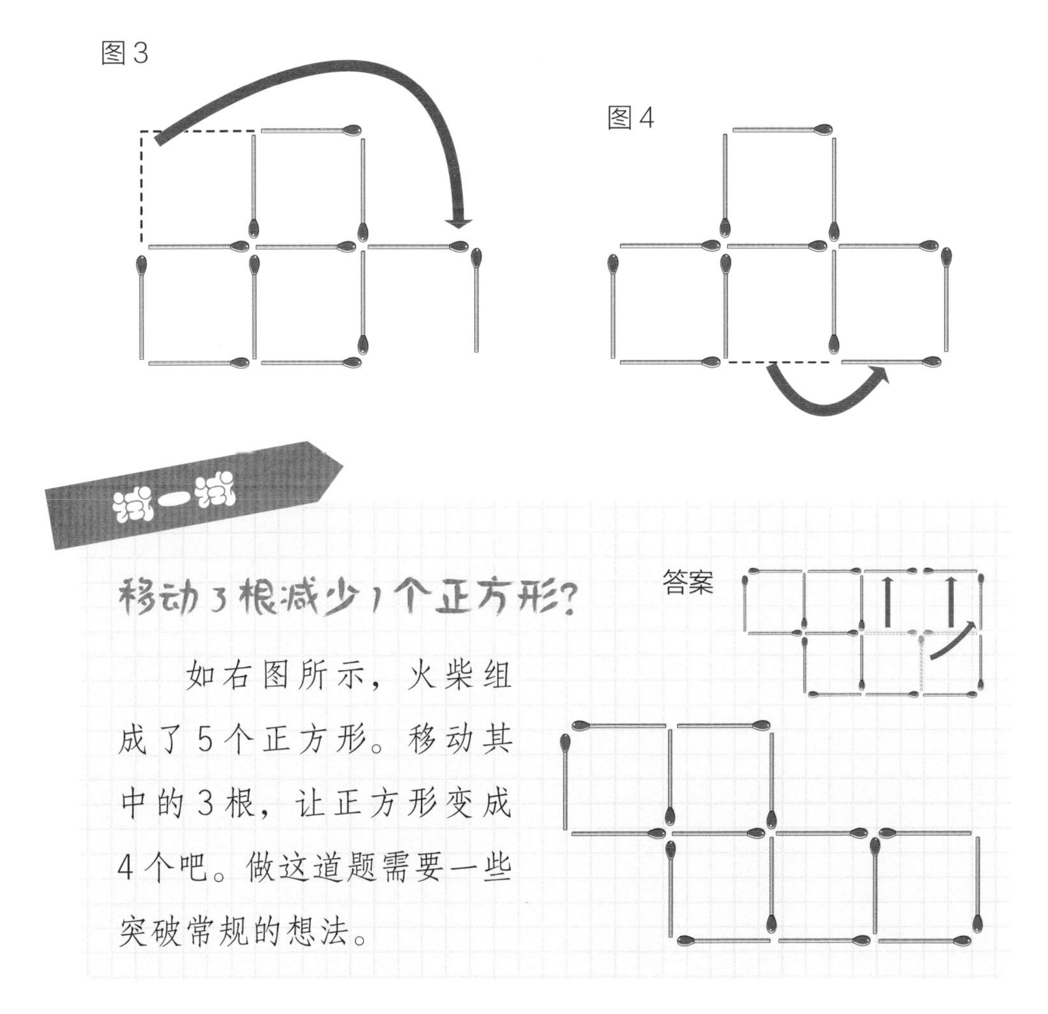

在思考这些题目时，画图当然不失为一个好方法。不过，如果你拿出火柴棒摆一摆的话，可能更有利于解题。摆的工具，除了火柴之外，还可以是牙签、一次性筷子等长度相同的棒状物体。

各种各样的单位前缀

3月16日

御茶水女子大学附属小学
久下谷明老师撰写

阅读日期 月 日 月 日 月 日

身边大大小小的单位

图 1

“千米走在回家的小路上，后面跟着百米、十米和米，分米、厘米、毫米又追着米跑。”念着小故事，我们今天能看到的单位名称可多了。

如果我们只有单位米（m），测量铅笔长度的时候可就烦恼了。因此，如图 2 所示，我们身边有许多或大或小的单位。测量铅笔的话，使用单位厘米（cm）就可以了。根据对象，选择最优的单位进行描述。

图 2

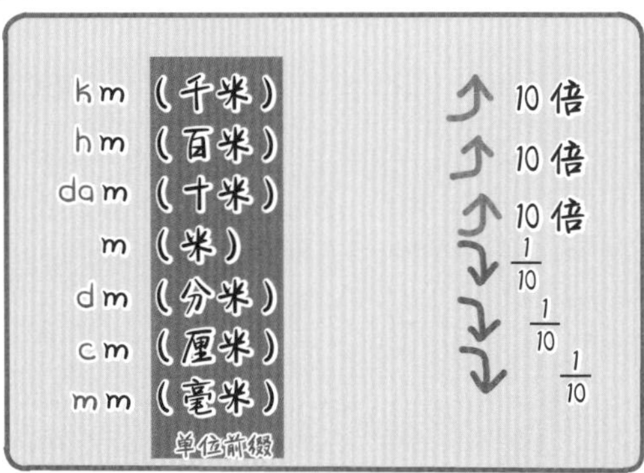

在日常生活中，我们与千米（km）、米（m）、厘米（cm）、毫米（mm）朝夕相处，对分米（dm）有些陌生，与百米 (hm)、十米（dam）几乎从未谋面。

这些熟悉感与陌生感，在升（L）与克（g）的身上同样可以见到。我们身边有常见的千克（kg）、毫克（mg）、毫升（mL），也有少见的分升（dL）、厘升（cL）。

在学习了各种单位前缀后，我们就知道本章开篇的“千米走在回家的小路上……”是怎么来的了。除了米，大家还可以编写各种你追我跑的单位小故事。

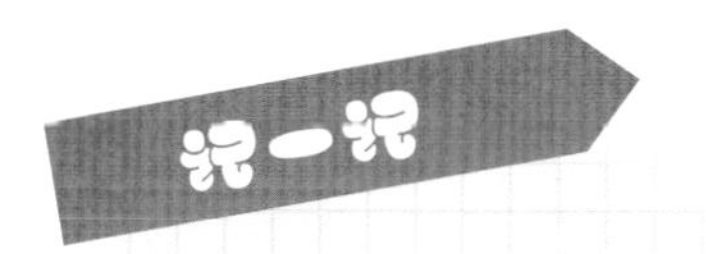

兆与吉，纳与皮

比千还大的单位前缀有兆、吉、太、拍、艾、泽、尧。比毫小的单位前缀有微、纳、皮、飞、阿、仄、幺。

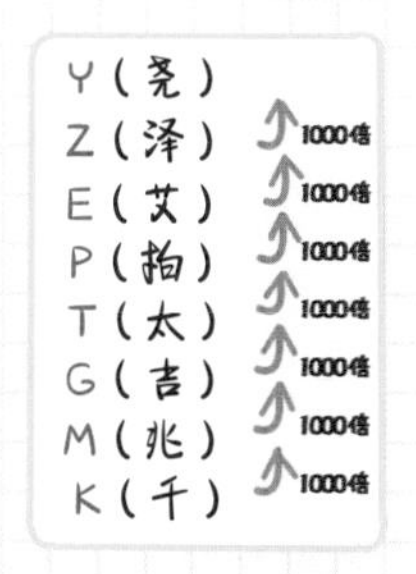

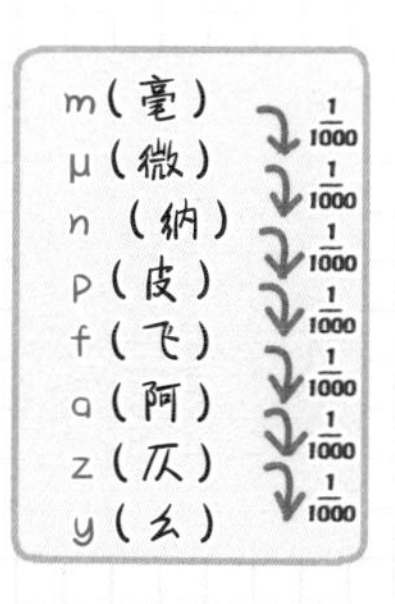

单位前缀阿、幺、泽、尧在 1991 年被纳入国际单位体系。此外，除飞与阿是在 1964 年，艾与拍是在 1975 年，其他单位前缀均是在 1960 年被纳入国际单位体系。

菜刀为什么能切菜

3月 17日

筑波大学附属小学
中田寿幸老师撰写

阅读日期 月 日 月 日 月 日

正对黄瓜的切面有多大？

有一句俗话叫作“磨刀不误砍柴工”，同样的，人们也认为菜刀是“刀刃越锋利越能切”。为什么会出现这样的情况呢？

假设我们用菜刀切一根黄瓜。当我们形容菜刀刀刃锋利的时候，就是指菜刀刀刃与黄瓜的接触面“大小”很小。这里的“大小”就是“面积”。受力面积越小，在面积上集中的力量也就越大。

面积与力的关系

给两个物体施加相同的力，受力面积小的物体就比受力面积大的单位面积内受到的力更大。如果受力面积增大，施加的力将分散，单位面积内受到的力也将减弱。

菜刀刀刃的面积非常小，因此在刀刃单位面积上集中了很大的力量。就算不施加很大的力气，也可以轻松切菜。如果换成饭勺，即使施加与菜刀相同的力量，也切不了黄瓜。

水管里的水是一样的吗？

用水管浇水，如果紧按水管出水口，水流的力道就会大大增强。来自同一个自来水管的水，只是因为出水口的缩小，水流力道就增强了。

通常认为比较锋利的刀刃的厚度是0.002毫米，也就是1毫米的1/500。将500把菜刀的刀刃集中起来，才只有1毫米的厚度，真是让人难以置信啊。

绳子绕地球一圈

3月 18日

御茶水女子大学附属小学
冈田纮子老师撰写

阅读日期 月 日 月 日 月 日

地球赤道的长度

如果有一根超级长的绳子，能绕地球赤道一圈，它的长度会有多长？答案是 4 万千米。如果将这条长绳子再延长 1 米，并绕地球赤道一圈，那么在地球与绳子之间肯定会出现空隙。问题来了，你认为这个空隙能有多大？我们提供了 3 个选项（图 1）：①蚂蚁能够通过。②老鼠能够通过。③猫咪能够通过。

空隙会有多宽？

正确答案是③猫咪能够通过。你答对了吗？也许很多小伙伴会吃惊：绳子明明只延长了 1 米，按理来说，空隙应该小得见不着呀。

图 1

具体空隙有多宽？答案是约16厘米。已知绳子的长度等于3.14×地球直径。经过计算（计算方法请见“试一试”）可得，增加的直径约为32厘米。因此，地球与绳子之间的空隙会产生约16厘米的宽度。绳子只延长了1米，空隙却比我们的想象大了许多，这也是数学的魅力吧。

五年级以上的你，来算一算吧？

设直径增加的部分为□厘米

3.14×（地球直径＋□厘米）=4万千＋1米

3.14×地球直径+3.14×□厘米−4万千米+1米

3.14×□厘米＝1米＝100厘米

□=100÷3.14

□≈32

因为A＋B≈32厘米，所以地球与绳子之间的空隙约为16厘米

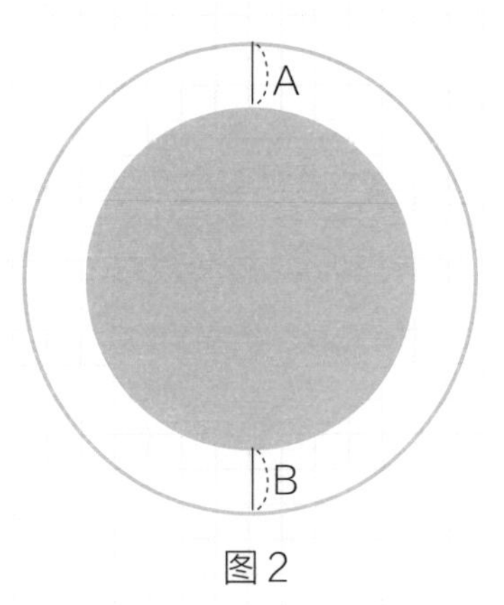

图2

已知赤道长度，可以求得地球直径。因为3.14×地球直径＝赤道长度，所以地球直径＝40000千米÷3.14≈12739千米。

如果让小学生排成直线

3月 19日

御茶水女子大学附属小学
久下谷明老师撰写

阅读日期 月 日 月 日 月 日

日本有多少小学生？

大家认为日本有多少小学生？

调查得到的数据显示，从一年级到六年级一共有约 650 万名小学生（2015 年 5 月 1 日数据）。

听到 650 万这个数，你是觉得多，还是觉得少？还是说，对 650 万人根本没啥概念？ 此外，从每学年的人数来看，可能有多有少，但平均下来每学年大约有 110 万人。

今天，我们需要好好思考一下 110 万和 650 万。

一学年的学生排成 1 列？

从天上传来古怪的声音："日本的小学五年级学生们注意了。从现在开始，请大家在东京都东京站集合，集体排成 1 列！"于是，这 110 万名五年级小学生就集合起来，从东京站往北排成一条看不见的直线，每两位学生之间相隔 1 米。请想一想，最后一名学生会排到哪儿去？

因为前后两位学生相隔 1 米，所以队伍的长度大概是 110 万米。1000 米 = 1 千米，可知 110 万米 = 1100 千米。东京站向北约 1100 千米的地方，是日本北海道的最北端——宗谷岬。

这是关于五年级小学生的例子，其他每个学年的小学生也都能排到宗谷岬那么远的地方去，真让人吃惊啊。

问题又来了：如果将日本全体小学生集合起来，从东京站往东排成一条看不见的直线。同样，每两位学生也相隔 1 米。那么，最后一名学生会排到哪儿去呢？

因为全体小学生约为 650 万人，所以队伍的长度大概是 6500 千米。距离东京站向东约 6500 千米的地方，是太平洋上的夏威夷（当然，实际上大海是站不了人的……）。

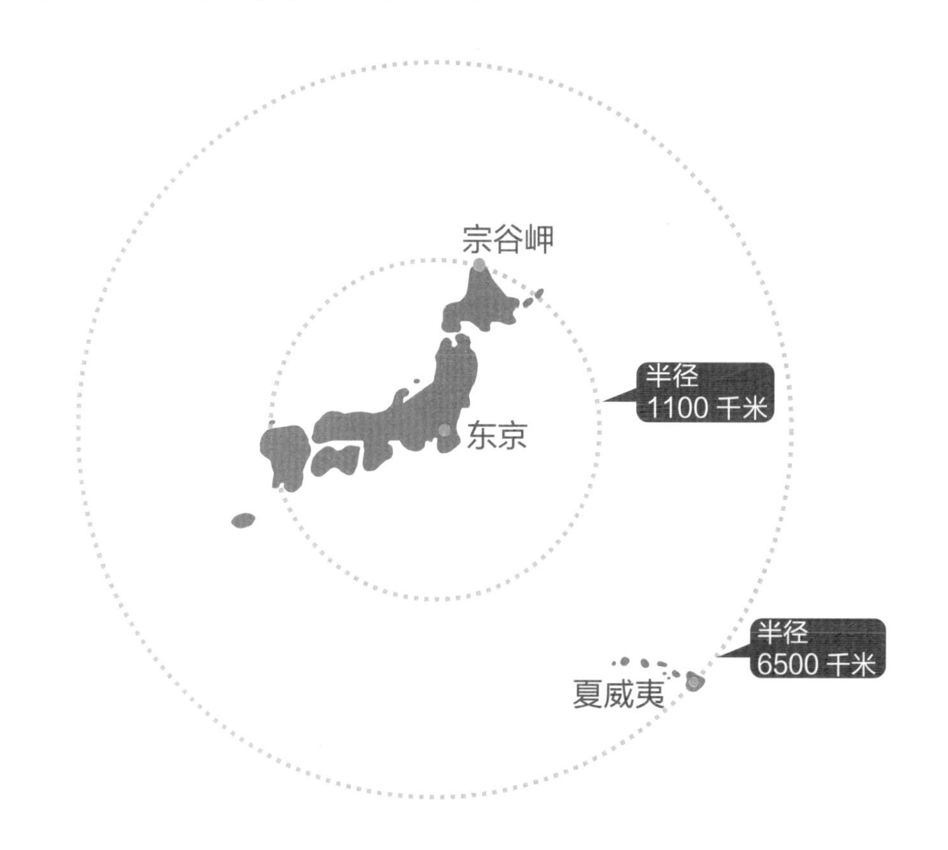

当数字变得巨大的时候，如何更形象地描述成了难题。此时，将数字转换为具体事物是一个好方法。

计算器诞生之前的机械计算器

3月20日

大分县 大分市立大在西小学
二宫孝明老师撰写

阅读日期 月 日 月 日 月 日

计算器出现之前的时代

在现在的日常生活中，我们拿着计算器进行计算，是一件寻常事。但在电子计算器诞生之前，人们使用的还是机械计算器。这是一种非常精密的仪器，它有着许多齿轮，通过齿轮的复杂运行而进行计算。

17 世纪，法国数学家布莱士 · 帕斯卡发明了加法器，这是世界上最早的计算器，为以后的计算器设计提供了基本原理。19 世纪后期，随着科技的发展，机械计算器以欧洲为中心被广泛推广使用。由此，各种各样的机械计算器诞生了，并走上了商品化的道路。

其中，就有被誉为“最后的机械计算器”的科塔计算器。与传统机械计算器相比，科塔携带方便，可以说十分袖珍了。

科塔计算器。高约 11 厘米。摇动把手进行计算。
摄影 / 二宫孝明

科塔计算器的诞生秘密

科塔计算器的发明者是奥地利犹太人库特 · 赫兹斯塔克。他在第二次世界大战期间，被纳粹以莫须有的罪名指控，送到了臭名昭著的布痕瓦德集中营。不过，作为原计算器厂的一把手，库特被任命为集中营里精密仪器工厂的管理者。同时，他拥有权限，能在集中营里继续设计计算器。

1945 年二战结束，库特带着 3 个样机逃回了奥地利。后来，库特在列支敦士登公国成立了公司，生产他的科塔计算器。作为世界第一台手持计算器，科塔计算器一时风光无限。但是，随着电子计算器于 20 世纪 70 年代进入市场，科塔逐渐失宠，机械计算器也退出了历史的舞台。

日本制机械计算器

1902 年，发明家矢头良一发明了日本第一台机械计算器。在 20 世纪 70 年代电子计算器登场之前，日本最为流行的“虎牌计算器”，销售量达到了 50 万台。

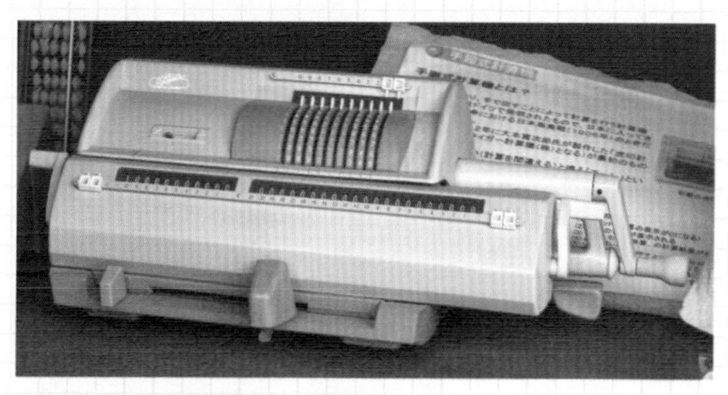

流行于日本的虎牌计算器。
摄影 / 二宫孝明

3 月 20 日，是日本的“电子计算器之日”。它由日本事务机械工业会（现在的商务机械·信息系统产业协会）制定，是为了纪念 1974 年日本电子计算器产量居世界第一。

雷在哪里

3月21日

生活中的数学

东京学艺大学附属小学
高桥丈夫老师撰写

阅读日期 月 日 月 日 月 日

测量雷与我们的距离

电火行空的闪电之后，我们会听到轰隆隆的雷声。那你知道，通过闪电与雷声之间的时间差，可以计算出雷与我们的距离吗？

计算方法又是什么呢？

雷与你的距离＝时间（秒）÷3

其实很简单。从电光闪闪到雷声轰轰，记下这之间的时间。可以用秒表，也可以用手表，记下秒数时间即可。将记下的时间除以 3，就是雷与你的距离。这个概数的单位是千米。

假设从看到闪电到听到雷声的时间是 6 秒。6 ÷ 3 = 2，雷与你的距离大概是 2 千米。

为什么要除以 3？

声音 1 秒钟能够传播 340 米，3 秒钟可以传播约 1000 米。

闪电与雷之间的时间（秒）除以 3，就是时间除以 3 秒的意思。

假设电与雷之间的时间是 6 秒，6 ÷ 3 = 2。答案 2 表示 2 次 3 秒传播的距离，即 1000 × 2 = 2 千米。

关于雷的话题，在 7 月 24 日的“声音为什么延迟听见”中也有涉及。当你看到闪电的时候，不要忘了记下闪电与雷的时间，然后计算一下雷与你的距离。

伽利略是大发明家

3月22日

明星大学客座教授
细水保宏老师撰写

阅读日期　月　日　月　日　月　日

自制望远镜的新发现

今天，我们的主人公是意大利天才科学家伽利略·伽利雷。大家认识他吗？

伽利略创制了天文望远镜，并用来观测天体。他发现月球并不是一个滑溜溜的球体，表面上与地球一样是凹凸不平的。

新发现还不止于此，伽利略观测到金星与月球一样有盈亏现象，木星有 4 颗卫星，太阳存在自转……这些发现开辟了天文学的新时代。

在伽利略年轻的时候，可能很难想象，自己会在天文学上有如此深的研究。

发明创造大成功！

从小时候开始，伽利略就非常喜欢计算和画图。到了青年时期，伽利略在大学任教。

在此期间，伽利略发明了许多东西。如图 1 所示的计算工具就是伽利略发明的，这和我们现在使用的圆规如出一辙。

使用这个工具，就可以计算出大炮对目标射击的角度，因而大受欢迎。

自制望远镜也是件有趣的事。望远镜的发明者，据说是荷兰的一位眼镜工人，并不是伽利略。听说望远镜可以将远处的物体放大，伽利略虽然未见到实物，但在思考数日后，用风琴管和凸、凹透镜各一片制成了一架望远镜，倍率为 3，后又提高到 9。

实践与思考，创造与发明，是通往伟大发现的途径。

图 1

历史上的意大利名人，常以名字来称呼，而不是姓氏。此外，伽利略·伽利雷（Galileo Galilei）的拉丁语写作 Gaililevs Gaililevs。姓与名相同，还挺有趣的。

红绿灯有多大

3月23日

东京都 丰岛区立高松小学
细萱裕子老师撰写

阅读日期 月 日 月 日 月 日

红绿灯比想象中的大

大家都见过红绿灯吧，它的大名是交通信号灯。顾名思义，交通信号灯的作用是维护交通安全，使交通运输畅通无阻，加强交通管理。

红绿灯是国际统一的交通信号灯。绿灯亮，表示“准许通行”；黄灯亮，表示“停在停止线或人行横道线以内，已越过停止线的可以继续通行”；红灯亮，表示“禁止通行”。此外，各国的红绿灯颜色变化方式和亮灯时间都各有区别。

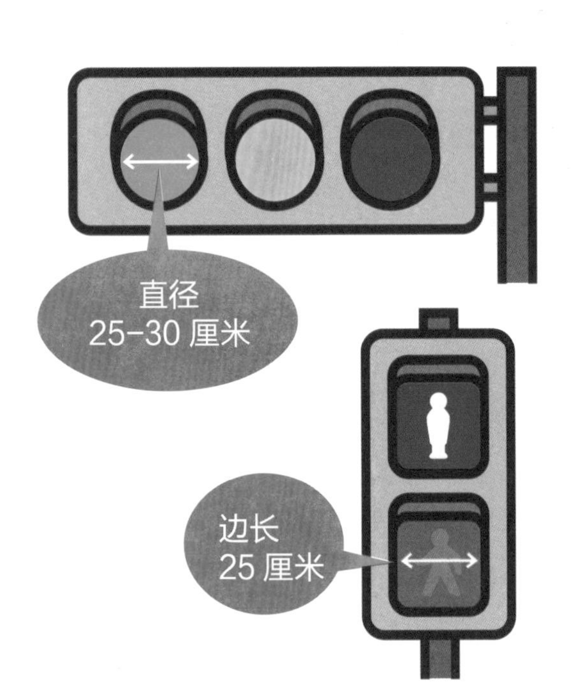

你观察过交通信号灯的大小吗？机动车道的圆形机动车信号灯，直径通常有 30 厘米。在交通流量大的十字路口以及高速公路上，信号灯可以达到直径 45 厘米。

在日本东京都以及一些交通流量小的十字路口，信号灯的直径还能有 25 厘米。

人行横道信号灯，是由红色行人站立图案和绿色行人行走图案组成的一组信号灯。通常是边长 25 厘米的正方形。

人行横道的斑马线

人行横道上，用白色的道路标线漆画出了斑马线。那么，你知道斑马线上涂色和不涂色部分的宽度吗？

大多数的斑马线，涂色和不涂色部分的宽度都是 45 厘米。如果是小马路上的斑马线，也可能缩小为 30 厘米。至于斑马线的条纹数量，则是根据人行横道的长度来设计的。

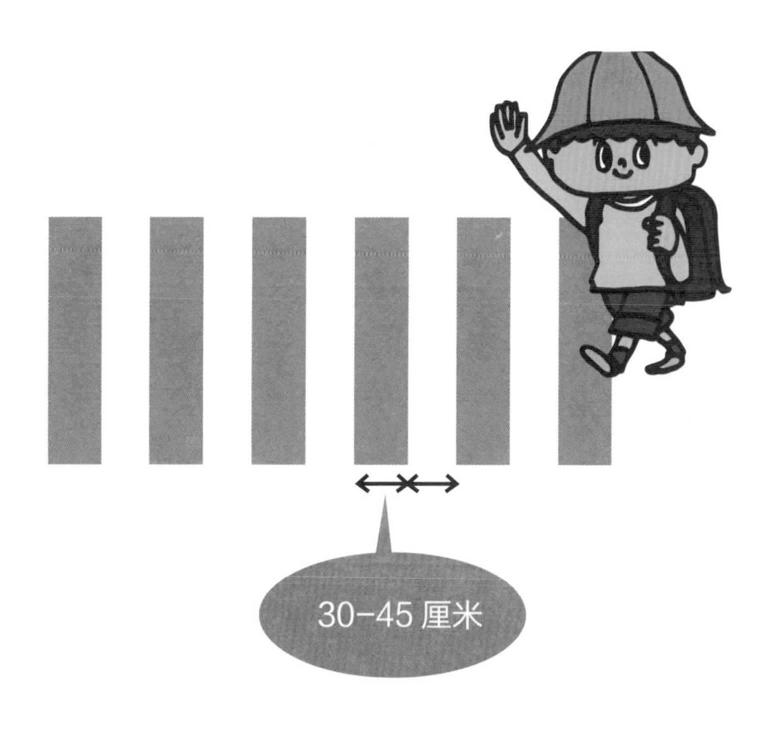

1930 年 3 月 23 日，日本第一个交通信号灯被设置在东京日比谷十字路口。这个红绿灯是从美国进口的。

纸里还有这样的秘密

3月 24日

岛根县　饭南町立志志小学
村上幸人老师撰写

阅读日期　月　日　月　日　月　日

把纸一分为二

如图 1 所示，折纸用纸和细长的胶带都可以一分为二。这难道不是很平常的事嘛……“这节课是想干吗？”别急别急，请耐心往下看。

接下来，请大家将复印纸一分为二。复印纸的 $\frac{1}{2}$ ，和笔记本的大小差不多。你发现复印纸的特别之处了吗？裁剪后的纸和原来的纸，形状一模一样（长宽比相同）。再进行一分为二的操作，形状也是同样的……（图 2）。

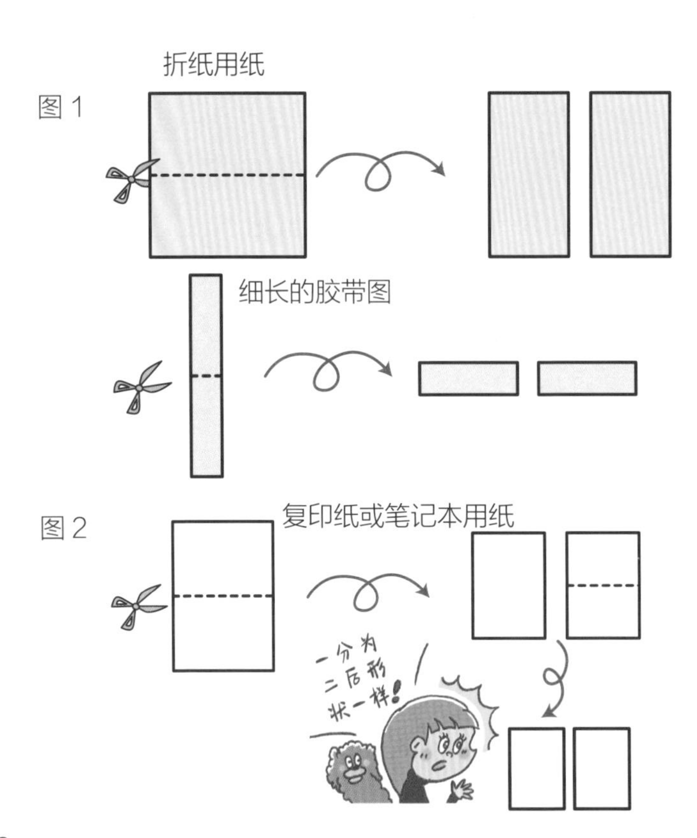

大家常见的报纸，也具有这样的特征。将报纸打开，通常非都市类报纸的纸张大小都是 A1。A1 尺寸的 $\frac{1}{2}$ 是 A2，A2 尺寸的 $\frac{1}{2}$ 是 A3，A3 尺寸的 $\frac{1}{2}$ 是 A4

（报纸对折 3 次）。A4 尺寸，和小学里经常发的练习题的纸张大小差不多。也就是说，如果将练习题纸张一分为二，得到的也是相同的形状。

我们的身边，有许多特别的形状具有这样的特征。

你知道 A4 和 B5 吗？

纸张和笔记本的大小，A4 和 B5 都很常见。将最初的 A0（841 毫米 ×1189 毫米）纸张对切 4 次，得到 A4 纸张。将最初的 B0（1030 毫米 ×1456 毫米）纸张对切 5 次，得到 B5 纸张。生产出 A0、B0 尺寸的纸张，根据对切次数的不同，就可以获得形状相同尺寸不同的纸张。

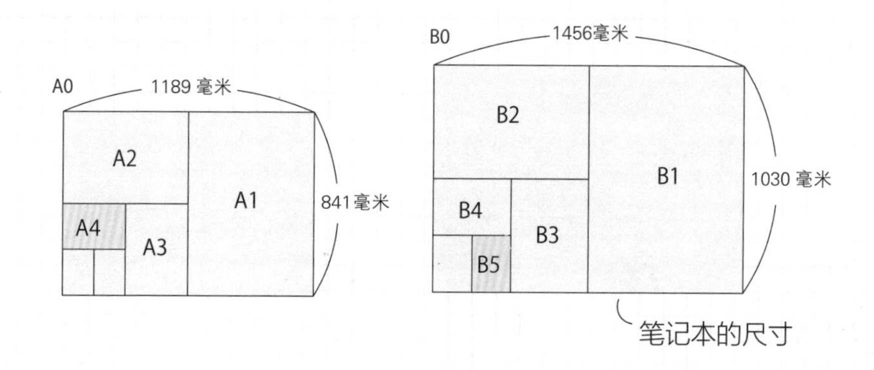

A0、A4 等纸张尺寸被称为“A 组”，这个标准最初是由德国物理化学家奥斯瓦尔德提出的。目前，许多国家使用的是 ISO216 国际标准来定义纸张的尺寸，ISO216 定义了 A、B、C 三组纸张尺寸。

汉字数字是如何产生的

3月25日

青森县　三户町立三户小学
种市芳文老师撰写

阅读日期　月　日　月　日　月　日

汉字数字从何而来？

在日常生活中，除了阿拉伯数字，我们对汉字数字也并不陌生。在古诗中，经常出现“三”“九”等数字。那么，你有想过汉字数字为什么会长成这种模样吗？

古时候，人们常用手势来表示数字。因此有一种说法是，汉字数字就是根据手势的样子形成的。比如，“一”“二”“三”就是把手指比划数字时的样子横过来。

“六”“七”“八”“九”据说也是从手势中而来（全国各地比法不尽相同）。

“六”，大拇指和小拇指张开，其余各指握于掌心；“七”，大拇指和食指、中指伸出成直角，做英文字母 L 状（另一种常见手势是：大拇指、食指和中指伸出，指尖并拢）；“八”，大拇指和食指伸出成直角，做英文字母 L 状；“九”，拇指与食指成弯勾状，其余各指握于掌心。

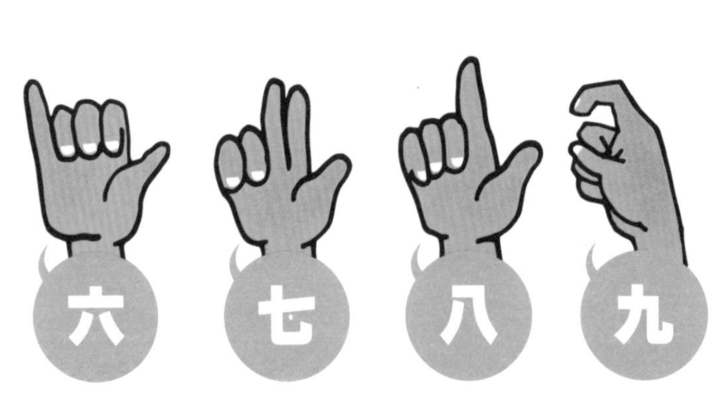

《说文解字》里记载："十"是数字完备的标志，一表示东西，丨表示南北，一丨相交为十，那么东南西北和中央都完备了。不过，还有一种说法认为，"十"也是从手势而来的。双手合十代表"十"，此时手的形状是丨，为了与一区别，变化之后就成了十。

此外，"四""五""百""千"等汉字数字并不是来自手势。它们或是模拟算筹（一种竹制的计算器具）的形态，或是甲骨文的变形，或是多个汉字的组合。

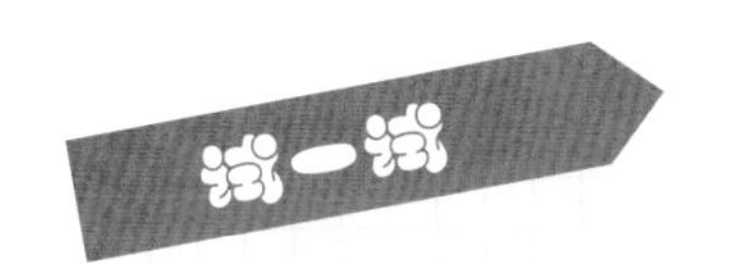

你知道"苏州码子"吗？

"苏州码子"，产生于苏州，脱胎于算筹，是民间古老的"商业数字"。现在，在香港和澳门地区的街市、旧式茶餐厅及中药房仍然可见。

	1	2	3	4	5	6	7	8	9	10
苏州码子	〡	〢	〣	〤	〥	〦	〧	〨	〩	十

人类创造了许多数字。同一个数字，在不同的时代和地域，也会有着不同的形态。在本书中，还介绍了玛雅人的数字（见1月15日）和罗马数字（见4月21日）。

罐装咖啡为什么用“克”

3月26日

东京都　杉并区立高井户第三小学
吉田映子老师撰写

阅读日期　月　日　月　日　月　日

与牛奶和水的表述不同？

观察饮料的容器，可以发现在上面标注着容量。比如，玻璃瓶装牛奶的容量是 200 毫升，盒装牛奶的容量是 1 升，塑料瓶装饮料的容量是 500 毫升。

罐装果汁或咖啡的容器上，自然也是标注着容量的。拿着罐装咖啡仔细一瞧，奇怪，上面写的不是 190 毫升，而是 190 克。

为什么咖啡这种饮料会用克呢?

用重量单位而非容积单位

毫升和升都是容积单位。

升温时液体体积变大，降温时液体体积变小，咖啡具有这样的特性。

咖啡在 90℃左右时进行罐装，这与销售时的温度有所差别。

所以，销售时的咖啡液体体积也有了变化。

因此，罐装咖啡并不使用容积单位毫升，而使用质量单位克。

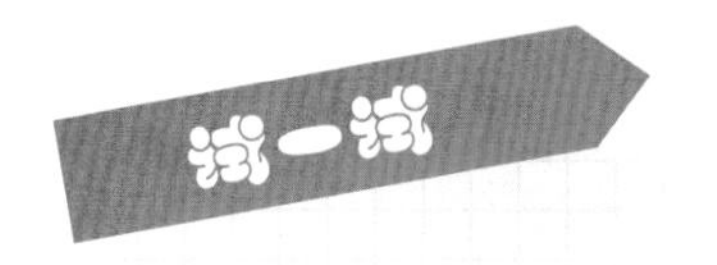

关注净含量

我们的身边，还有没有用克来表示的饮料？大家找一找，发现数学的乐趣吧。

饮料瓶上到底使用容积单位还是质量单位，具体还是要看计量法的相关规定。

在日本流传的“无缝拼接图案”

3月27日

神奈川县　川崎市立土桥小学
山本直老师撰写

阅读日期　月　日　月　日　月　日

自古流传下来的美丽图案

如下图所示，上方的“麻叶”和下方的“七宝”都是日本传统的图案。“麻叶”源自夹竹桃科植物罗布麻的叶子，“七宝”图案是 1 个环套着 4 个环。这些图案被称为几何图案，在折纸用纸、包装用纸、坐垫布匹、壁纸等方面应用广泛。在日本家庭中，这些图案随处可见。

麻叶

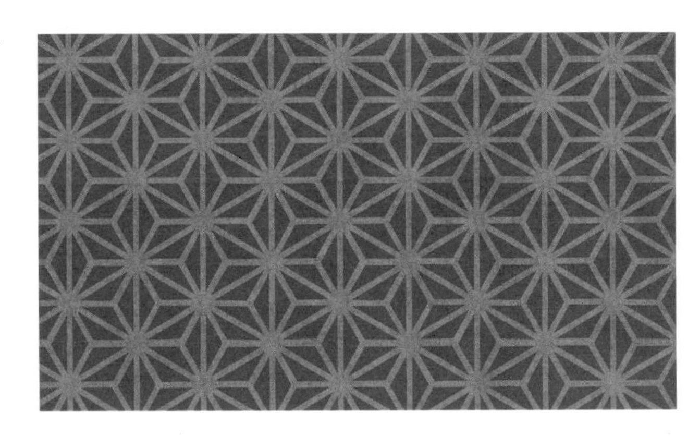

七宝

由相同图案拼接而成

观察这两个图案，可以发现都是由许许多多个相同图案拼接而成的。

“麻叶”是由无数个相同的等腰三角形组成的。由形状、大小都相同的图案无缝拼接而成的，叫作“无缝拼接图案”。

再看“七宝”，如果单纯只有圆的话，是做不到无缝拼接的。“七宝”就是利用了圆与圆的重合，让圆与圆连接。看上去，就是循环往复的巧妙图案了。

给“麻叶”涂上颜色

我们眼中的“麻叶”，除了可以是许多等腰三角形组合，也可以是许多其他的形状。如右侧照片所示，“麻叶”不同的颜色，代表了不同形状。

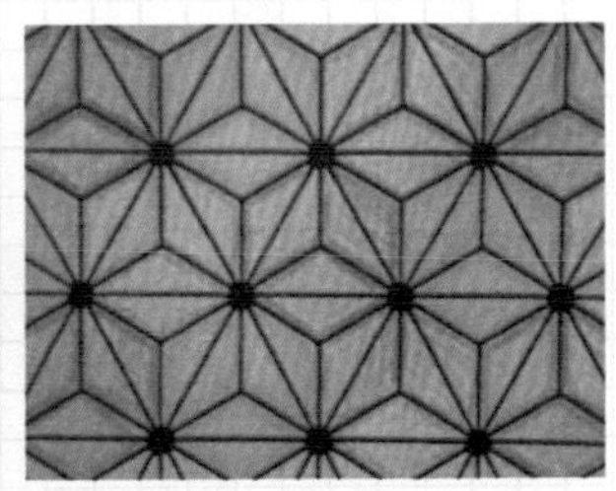

摄影 / 山本直

利用等腰三角形、等边三角形等三角形和长方形、正方形等四边形，试着创造自己的无缝拼接图案吧。大家做的时候可以想一想，怎样的形状才能进行无缝的拼接呢？

井盖的秘密

3月28日

福冈县 田川郡川崎町立川崎小学
高濑大辅老师撰写

阅读日期 月 日 月 日 月 日

什么形状容易掉落？

走在人行道上，开车在马路上，或者是在公园里散步，井盖总是随处可见。井盖上的图案可能千差万别，但形状却只有一个，那就是圆形。为什么井盖没有四边形或者三角形的呢？

首先，我们必须要考虑的因素是安全。井盖如果掉入井口，对过往行人和车辆会造成危害，易引起“城市黑洞”事故。那么，哪些形状的井盖容易掉到井里去呢？

在正方形、长方形等四边形中，对角线的长度大于四条边的长度（图 1）。如果将井口和井盖设计成四边形，井盖的长和宽小于井口的对角线长度，那么当井盖变换一下方向和角度时，就有可能从井口掉下去。再来看看，设计成圆形的情况。

图 1

井盖大多是圆形的

同一个圆的直径都相等，圆内最长的线段一定是直径（图2）。因此，如果井盖和井口设计成圆形，可以保证井盖在任何方向上的尺寸都大于井口。

井盖设计成圆形，还考虑了耐用性因素。三角形或四边形井盖由于受力不均匀，容易碎裂和塌陷。而圆形井盖受力后，会向四周扩散压力，由于扩散均匀，碎裂的几率远小于前者。从耐用性方面考虑，还是圆形井盖更胜一筹。

图2

城市标准排水井盖重达几十千克，搬运时至少需要几个成年男子同时动作。而圆形井盖滚起来就可以动，易于运输和施工。请大家做一个生活的有心人，留意周边井盖的图案、形状和大小，看看还会有哪些收获呢?

一只手能数到几

3月 29日

御茶水女子大学附属小学
冈田纮子老师撰写

阅读日期 月 日 月 日 月 日

不是只能数到10吗？

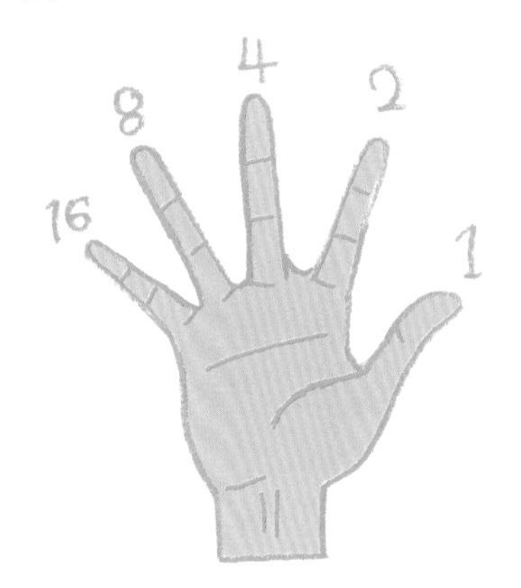

图1

你觉得一只手能数到几？有5根手指，所以数到5？马上有小伙伴喊出来了:“能数到10！”这可能也是大部分人心中的答案，一只手最多能数到10。悄悄告诉你，不止哟，其实可以数到31。“什么！5根手指真的可以比划到31吗？”大家别着急，接下来马上就告诉你如何利用手指直与曲的组合，表示出0到31的数字。

如图1所示，大拇指表示1，食指表示2，中指表示4，无名指表示8，小指表示16。数一数竖起的5根指头一共表示多少？使用这种方式，可以用5根指头表示32个数字，从0数到31。

如右页图2所示，竖起大拇指（1）和食指（2），表示的是1＋2，也就是3。0-31数字的手势如右页表格所示（图3）。

如果用两只手呢？

如果用两只手来作手势的话，一共可以表示多少数字?

右手：大拇指表示1，食指表示2，中指表示4，无名指表示8，小指表示 16。左手：拇指表示 32，食指表示 64，中指表示 128，无名指表示 256，小指表示 512（图 4）。仅用 10 根指头，就可以表示数字 1023，实在是令人吃惊。

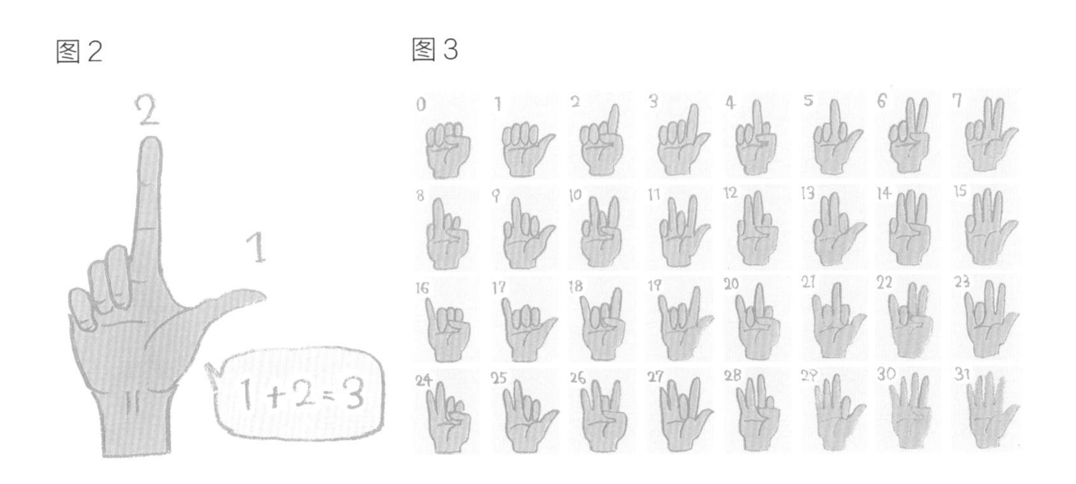

图 2　　图 3

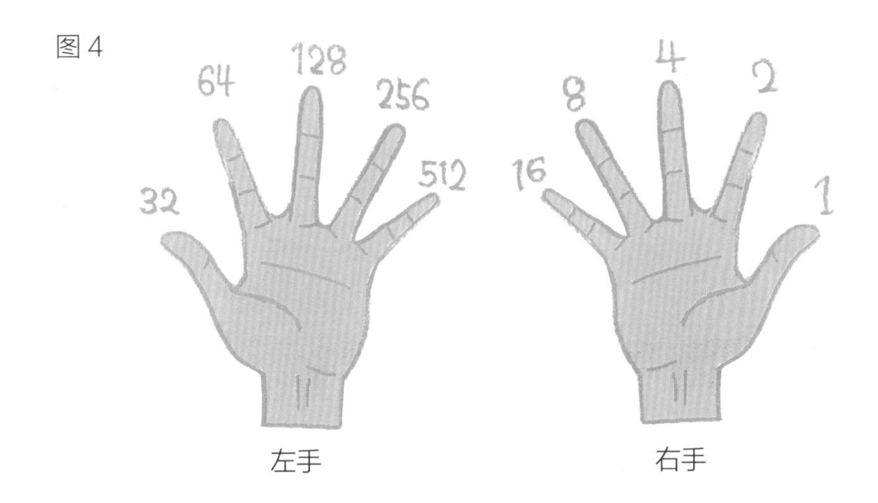

图 4

左手　　右手

这种用手势表示数字的方法，与二进制有一定的关系。二进制广泛运用于计算机、条形码和盲文中。

可以取完所有的围棋子吗

大分县　大分市立大在西小学
二宫孝明老师撰写

3月30日

阅读日期　月　日　月　日　月　日

围棋子的益智游戏

在一本写于江户时代的书中，记载了“取围棋子”的益智游戏。规则十分简单，准备好一个棋盘和围棋子就可以开始了。我们今天就来体验一下江户人喜欢的游戏。

首先，如图 1 所示，在棋盘上摆好围棋子。每次取 1 颗围棋子，取完即为通关。不过，需要遵守以下规则。

① 1 次可以取任意 1 颗棋子。②取棋子的方向可横可竖，不可斜。③遇到的棋子都要取。④同一线上棋子相隔交叉点也可以取。⑤只许前进，不能后退。

答案已经标注在图 1 上了，你明白了吗？

图 1

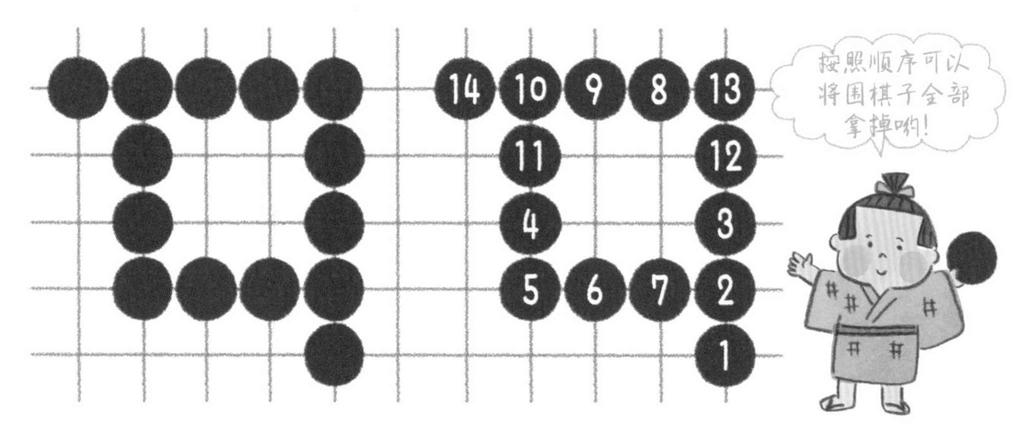

和朋友一起“杀”一盘

“取围棋子”是可以一个人玩的益智游戏。不过，人多也有人多的乐趣。大家既可以一起合作解决，也可以互相出题考验。“取围棋子”如何出题呢？从最后 1 次取的棋子开始，按照自己规定的顺序摆放就可以了。如果透露起点和终点，还可以降低游戏的难度哟。

再来体验一次江户人喜欢的游戏吧（图 2）。这题的答案就不公布啦，大家动一动脑筋、摆一摆棋子，相信你能行的。

图 2

图 1 的题目像古时候的斗和升，大的斗会有一个把手。图 2 的题目像箭的箭羽。如果你也出了题目，记得给它取个名字哟。

令人吃惊的印度乘法

3月 31日

东京都　丰岛区立高松小学
细萱裕子老师撰写

阅读日期　月　日　月　日　月　日

你知道大九九吗？

我们在小学二年级，开始学习九九乘法表。可能对于一些人来说，背诵九九乘法表并不是件简单的事。但是，可千万别嫌累，我们通常背诵的九九乘法表只到 9×9，称为小九九（81 组积，45 项口诀）。在印度，学生需要背诵的九九乘法表要到 19×19，称为大九九（361 组积，81 项口诀）。

在生活和学习中，印度学生在努力提高数学计算水平的同时，也掌握了不少快速计算法。接下来，我们就给大家介绍其中的一些方法。

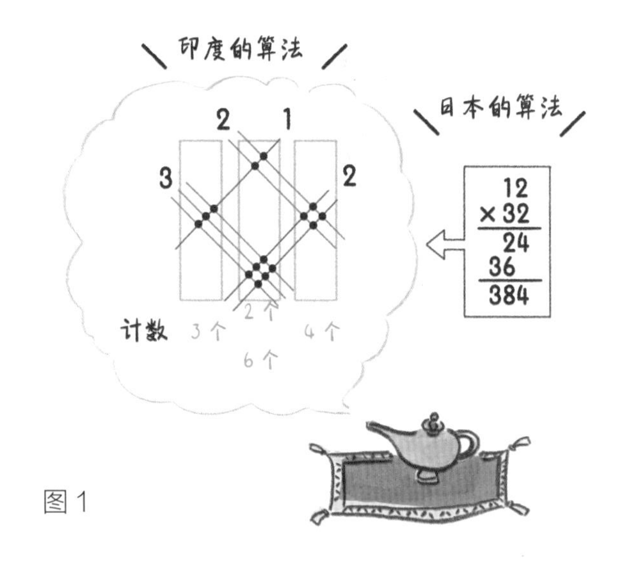

图 1

便捷的快速计算法

如左页图 1 所示，我们来进行 12×32 的运算。印度的方法是，利用点和线进行快速计算。12 表示为 3 条红色斜线，32 表示为 5 条蓝色斜线。红线与蓝线互相交叉，在交叉点上画出圆点。然后，数一数绿色框中的圆点数量。从右至左分别是个位、十位、百位，答案就是 384。

用平常的笔算来验算一下，答案相同。

如图 2 所示，使用印度另一种“快速计算法”来进行 12×32 的运算。12 写在格子上方，32 写在格子右侧。所有的乘积分为十位和个位，写在格子内的左上角与右下角。2×3 = 6，因此在格子左上角写 0，右下角写 6。橙色框里相加的数，就是最后的答案。

图 2

这两种快速计算法，仁者见仁，智者见智。我们提倡的，并不是死记硬背某一个快速计算法，而是从中获得寻找适合自己的计算方法的能力。